剪映 视频编辑案例教程

中文全彩铂金版

余静 齐建明 姚松奇 主编

中国青年出版社

图书在版编目（CIP）数据

剪映视频编辑中文全彩铂金版案例教程／余静，齐建明，姚松奇主编. ——
北京：中国青年出版社，2022.11
ISBN 978-7-5153-6731-6

I.①剪… II.①余… ②齐… ③姚… III.①视频编辑软件—教材 IV.
①TN94

中国版本图书馆CIP数据核字（2022）第144213号

律师声明

侵权举报电话

全国"扫黄打非"工作小组办公室
010-65233456　65212870
http://www.shdf.gov.cn

中国青年出版社
010-59231565
E-mail: editor@cypmedia.com

策划编辑：张鹏
执行编辑：李大珊
责任编辑：张君娜
封面设计：乌兰

剪映视频编辑中文全彩铂金版案例教程
主　　编：余静　齐建明　姚松奇

出版发行：中国青年出版社
地　　址：北京市东城区东四十二条21号
网　　址：www.cyp.com.cn
电　　话：（010）59231565
传　　真：（010）59231381
企　　划：北京中青雄狮数码传媒科技有限公司
印　　刷：天津融正印刷有限公司
开　　本：787 x 1092　1/16
印　　张：12.5
字　　数：215千字
版　　次：2022年11月北京第1版
印　　次：2022年11月第1次印刷
书　　号：ISBN 978-7-5153-6731-6
定　　价：69.90元（附赠3DVD，含语音视频教学+实例文件+PPT课件
　　　　　+海量素材资料）

本书如有印装质量等问题，请与本社联系　　电话：（010）59231565
读者来信：reader@cypmedia.com　　投稿邮箱：author@cypmedia.com
如有其他问题请访问我们的网站：http://www.cypmedia.com

首先，感谢您选择并阅读本书。

软件简介

在通信技术飞速发展的今天，特别是随着多媒体、互联网以及移动通信等技术的普及应用，我们的生活彻底进入短视频时代。根据抖音平台发布的数据，截至2020年12月，抖音日活跃用户已突破6亿，日均视频搜索次数突破4亿。

剪映作为一款移动端视频剪辑软件，其初衷是为了降低创作的门槛，让每个用户都可以参与创作，轻松分享各种知识和记录美好生活。剪映是抖音平台主推的移动端视频剪辑软件，它可以与抖音之间形成良好的链接。

内容提要

本书以功能讲解+实战练习的形式，系统全面地讲解了剪映视频剪辑的基础知识和综合应用。本书对应的剪映App版本为7.7.7。

基础知识部分在介绍剪映的各个功能时，会根据所介绍功能的重要程度和使用频率，以具体案例的形式，拓展读者的实际操作能力。每章内容学习完成后，还会以"上机实训"的形式对本章所学内容进行综合展示，使读者可以快速熟悉软件功能和设计思路。

综合案例部分，根据剪映的应用热点并结合实际的具体应用，有针对性地精心挑选出供读者学习的案例。通过对这些实用性案例的学习，读者真正达到学以致用的目的。

为了帮助读者更加直观地学习本书，随书附赠的内容不但包括了书中全部案例的素材文件，方便读者更高效地学习，还配备了所有案例的多媒体有声视频教学录像，详细地展示了各个案例实现效果的过程，扫除初学者对新软件的陌生感。

本书特色

● **快速掌握剪映功能**：本书以初学者的角度，详细介绍这款剪辑软件各部分功能的使用方法。通过图文并茂的方式介绍基础理论内容，基本包含剪映所有功能，帮助读者解决视频剪辑、字幕、特效、动画和转场等技术问题。

● **结合实操技术**：本书中的实战练习更深层次地应用剪映功能，每章的上机实训则将实际应用和本章知识结合起来。综合案例部分精心选择5个案例，结合剪映各功能介绍实际操作，让读者快速掌握并使用剪映。

编　者

目录

第一部分　基础知识篇

第1章　剪映快速入门

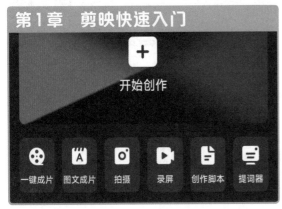

第2章　素材处理和画面调整

第3章　添加视频动画与转场效果

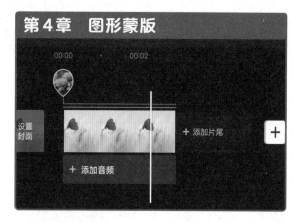

第4章　图形蒙版

第5章　添加字幕

第6章　音频的处理

第7章　添加贴纸和特效

第8章　封面设计和导出视频

第二部分　综合案例篇

第9章　制作漫画和荧光线描卡点视频

第10章　制作九宫格卡点视频

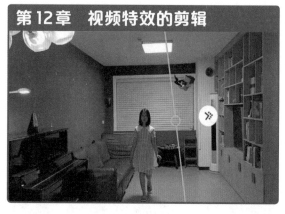

第11章　我和我的家乡短视频

第12章　视频特效的剪辑

第一部分
基础知识篇

基础知识篇主要对剪映的基础知识和功能应用进行了全面而具体的介绍，其中包括该软件的工作界面、素材处理、画面调整、视频动画、转场效果、蒙版、添加字幕、贴纸、特效，以及音频的处理等。本书采取理论结合实战的方式，让读者充分理解和掌握软件各种功能的应用。基础知识的学习可以为制作后续综合案例奠定良好基础。

图 第1章 剪映快速入门

本章概述

本章主要介绍剪映的界面和与抖音账号的互联，让用户对剪映App有一个基础的认识。同时通过实战练习进一步学习一键成片的视频制作方法，以及上机实训制作第一个视频时，需要使用的基本剪辑视频工具，为以后学习打下良好的基础。

核心知识点

① 认识剪映App
② 剪映的界面
③ "一键成片"功能的应用
④ 与抖音账号互联
⑤ "剪同款"功能的应用

1.1 认识剪映

剪映App是一款功能全面的手机视频编辑工具，带有齐全的剪辑功能，支持变速，有多样滤镜和美颜的效果，有丰富的曲库资源。

剪映自2019年5月在移动端上线以来，它的普及率和覆盖率都很高。目前，剪映能够实现在移动端、Pad端和PC端全覆盖，以支持创作者在更多场景下自由创作。

1.1.1 剪映的界面

剪映的工作界面非常简洁明了，各区域划分合理，而且各工具卡按钮的下方都附有文字说明，用户可以根据文字轻松地制作和处理视频。

下面将剪映的工作界面分为"初始界面"和"剪辑界面"两部分进行介绍。

（1）初始界面

首先在手机的应用商城中下载剪映App并安装，在手机屏幕上点击剪映的图标，打开剪映App，如下左图所示。进入"剪映"初始界面，点击"开始创作"按钮可以创作新的作品，如下右图所示。

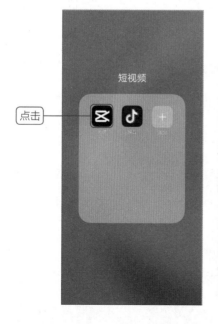

在"开始创作"按钮的下边有"一键成片""图文成片""拍摄""录屏""创作脚本""提词器"6个按钮。下面分别介绍各工具按钮的含义。

- **一键成片**：该功能可以让用户更加方便快速地制作视频。上传视频或图片后，系统会选择推荐的视频模板，一键完成视频创作。

- **图文成片**：该功能可以根据用户提供的文字自动生成对应的视频。这个功能对于经常使用文字，且不擅长制作视频的人来说是个福音。

- **拍摄**：拍摄功能和手机里的拍照功能一样，用户可以事先选择拍摄的效果，或者根据提供的灵感进行拍摄。拍摄完视频后，还可以利用"一键成片"或"导入剪辑"功能进一步处理拍摄的视频或照片。

- **录屏**：该功能可以录制手机桌面，还可以同步录入实时画外音。点击"录屏"按钮后，进入"开始录屏"界面，如果需要录制手机内部声音和外部声音，点击上方"开启"按钮即可开启麦克风，如下左图所示。点击1080p下三角按钮，在打开的页面中设置录制比例、分辨率、帧率和码率，设置的参数越高，录制的视频越清晰，越流畅，文件也越大，如下右图所示。设置完成后在空白处点击即可退出设置模式，进行录屏即可。

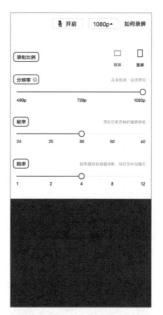

- **创作脚本**：用户先选择创建视频类型的脚本，按脚本中的拍摄、剪辑方案提供的详细步骤完成视频的创建。目前剪映移动端已经拥有Vlog、探店、旅行、美食和萌宠等几种创建脚本的模式。

- **提词器**：该功能可以将事先提供的文案滚动显示在屏幕上，方便用户说台词。

点击初始界面下方的按钮可以切换至对应的功能界面，其中包括"剪辑""剪同款""创作课堂""消息""我的"5个按钮，如下图所示。

（2）剪辑界面

在初始界面点击"开始创作"按钮，进入素材添加界面并选择相应的素材，点击"添加"按钮，即可进入视频剪辑界面，如下页上图所示。

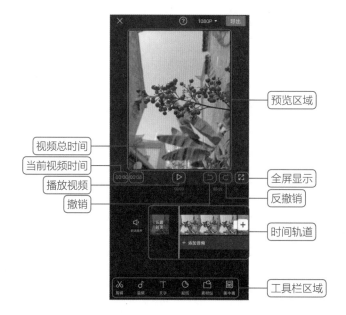

预览区域

视频总时间
当前视频时间
播放视频
撤销

全屏显示
反撤销

时间轨道

工具栏区域

剪辑界面包含显示面板和操作面板，显示面板中显示添加的视频或图片内容，操作面板显示添加内容的时间轨道。在剪辑界面下方提供对视频进行处理的各种视频剪辑工具，如"剪辑""音频""文字""贴纸""素材包"等。

在显示面板和操作面板中间左侧显示视频当前时间和总时间，点击中间三角形可以播放视频。再向右两个按钮为撤销和反撤销，点击最右侧按钮，全屏显示剪辑的视频内容。

实战练习 一键成片的应用

对于视频剪辑的初学者来说，剪映提供的"一键成片"功能，简直是一个福音。该功能可以将用户拍摄的视频和照片按系统提供的模板制作成视频，而且操作方法简单，很容易上手。下面介绍具体的操作方法。

步骤01 进入剪映App，在初始界面点击"一键成片"按钮，如下左图所示。

步骤02 进入选择素材界面，在"视频"选项卡中选择两个视频，注意选择视频的顺序不同，其右上角的编号也不同，再点击"下一步"按钮，如下右图所示。

点击

❶选择

❷点击

步骤 03 剪映自动将选中的视频结合在一起，根据视频的内容自动应用到相应的模板上，并添加文本以及音乐等，如下左图所示。

步骤 04 在下方"推荐模板"区域，用户还可以选择喜欢的模板，视频会自动应用到选中的模板上，如下右图所示。最后，将视频导出即可。

1.2 与抖音账号互联

剪映作为抖音主打的视频编辑软件，支持用户使用抖音账号登录，这一点也充分体现剪映与抖音的无缝链接。

1.2.1 使用抖音账号登录剪映

在初始界面点击"我的"按钮，打开账号登录界面，如下左图所示。选中"已阅读并同意剪映用户协议和剪映隐私政策"单选按钮，点击"抖音登录"按钮完成授权即可使用抖音登录剪映，如下右图所示。

1.2.2 快速将剪映视频上传至抖音

用户在剪映中制作完成视频后，点击"导出"按钮，即可将视频保存到相册和草稿中。导出完成后，点击"无水印保存并分享"按钮，即可将视频分享到抖音中，如下左图所示。

如果点击"导出"按钮后，再点击"无水印保存并分享"按钮下方的"导出"按钮，会将制作好的视频导出到相册和草稿中，导出完毕后在完成界面中选择"抖音"也可以将视频上传至抖音中，如下右图所示。

上传到抖音之后，还可以对视频进行二次加工处理，最后根据抖音的发布方法将视频发布即可，如下图所示。

知识延伸：利用"剪同款"应用优秀的模板

用户使用剪映App中的"剪同款"功能可以快速套用其他人制作的现有的视频模板，直接将他人编辑好的视频参数套用到自己的视频内容中。

在剪映初始界面中，点击底部"剪同款"按钮，切换至相应界面，包括卡点、玩法、旅行、纪念日、萌娃和动漫等分类，如下左图所示。选择合适的视频缩略图，点击后可以展开视频预览效果，如下右图所示。

预览视频时，在右侧分布了创作者的头像、点赞、收藏、评论和分享等按钮。点击创作者的头像图标，可以进入创作者的剪映主页查看其发布的模板。

如果喜欢创作者创作的视频模板，点击右下角"剪同款"按钮，进入选择素材界面，选择合适的照片或者视频，点击"下一步"按钮，如下左图所示。系统会自动生成相同模板的视频，用户还可以再一次进行视频编辑和文本编辑，满意后点击"导出"按钮，将视频导出，如下右图所示。

上机实训：你的第一次视频剪辑

在学习制作视频之前，用户可以尝试在剪映中自己制作第一个视频，其中有部分功能将在以后章节中介绍。下面介绍具体操作方法。

步骤 01 打开剪映App，在初始界面中点击"开始创作"按钮，进入素材选择界面，选择走路视频素材，点击"添加"按钮，如下左图所示。

扫码看视频

步骤 02 两个手指在时间轨道上向两侧滑动，放大时间轨道，将时间线定位在15秒的位置，点击一级工具栏中的"剪辑"按钮，如下右图所示。

步骤 03 在二级工具栏中点击左侧的"分割"按钮，将视频在15秒位置进行分割，选择右侧的视频，点击二级工具栏中"删除"按钮，即可删除选中的视频部分，如下左图所示。

步骤 04 将时间线定位在最左侧，在未选中视频状态下，点击一级工具栏中"特效"按钮，在特效界面中点击"画面特效"按钮，如下右图所示。

步骤 05 在特效面板中选中"基础"选项中的"模糊开幕"特效，在预览区域可以查看应用特效后的效果，如下左图所示。

步骤 06 再次点击"模糊开幕特效"，在底部打开调整参数面板，可以设置速度和模糊度，如下右图所示。"速度"设置越大，模糊效果越短；模糊度设置越大，开幕时越模糊。点击对号按钮即可应用该特效。

步骤 07 返回一级工具栏，点击"剪辑"按钮，在二级工具栏中点击"变速"按钮，如下左图所示。

步骤 08 在"变速"下级工具栏中点击"曲线变速"按钮，如下右图所示。如果点击"常规变速"按钮，可为整个视频设置变速效果。

步骤 09 在"曲线变速"界面中点击"蒙太奇"按钮，如下左图所示。该变速效果是先快后慢，用户也可以再点击该按钮，在打开的面板中进一步调整变速的节点。

步骤 10 点击一级工具栏中"文字"按钮，接着点击"新建文本"按钮，在打开的文本框中输入文字，如下右图所示。可以把两个手指放在文本框上方同进，滑动调整其大小，然后移到画面上方中心位置，通过智能参考线对齐。

步骤 11 在"字体"选项卡中设置字体为"新青年体"，在"样式"选项卡中设置"透明度"为75%，如下左图、中图所示。用户还可以设置描边、阴影等。

步骤 12 选择添加的文本素材，按住右侧边缘并拖拽，使其和视频素材右侧对齐，如下右图所示。最后将制作好的视频导出。

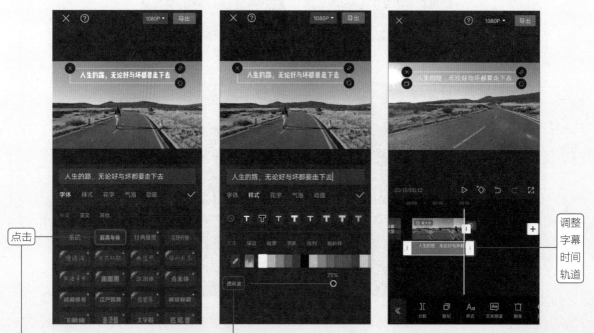

课后练习

一、选择题

（1）点击剪映App后进入（　　）界面。

    A. 初始　　　　　　　　　　　　　　B. 选择素材

    C. 编辑　　　　　　　　　　　　　　D. 项目

（2）（　　）功能可以根据用户提供的文字自动生成对应的视频。

    A. 一键成片　　　　　　　　　　　　B. 剪同款

    C. 图文成片　　　　　　　　　　　　D. 拍摄

（3）在"导出"界面中点击（　　）按钮，可以将剪映制作的视频上传至抖音。

    A. 无水印保存并分享　　　　　　　　B. 导出

    C. 完成　　　　　　　　　　　　　　D. 发布

（4）（　　）可以快速套用其他人制作的现有视频模板，直接将他人编辑好的视频参数套用到自己的视频内容中。

    A. 一键成片　　　　　　　　　　　　B. 录屏

    C. 图文成片　　　　　　　　　　　　D. 剪同款

二、填空题

（1）目前为止，剪映实现在＿＿＿＿＿＿、＿＿＿＿＿＿和＿＿＿＿＿＿全覆盖。

（2）＿＿＿＿＿＿功能上传视频或图片后，系统会选择推荐的视频模板，一键完成视频创作。

三、上机题

　　打开剪映App，通过"图文成片"功能制作视频，点击"图文成片"按钮，再点击"自定义输入"按钮。在"编辑内容"界面中输入标题和正文，如下左图所示。然后点击右上角"生成视频"按钮，稍等片刻剪映会根据文本内容匹配相关的图片或视频，并添加输入的文本内容生成视频，如下右图所示。

图 第2章　素材处理和画面调整

本章概述

本章主要介绍素材处理和画面调整的相关知识，利用这些知识可以制作出精彩的视频，为之后学习动画、特效等打下结实的基础。本章主要学习调整素材的比例、顺序和速度，以及画面的裁剪、旋转和镜像等。

核心知识点

❶ 熟悉素材的基本操作

❷ 熟悉素材的调整

❸ 掌握画面的调整

❹ 掌握画布的调整

2.1　素材的基本操作

用户使用剪映进行视频处理时的首要工作就是要有素材，然后对素材进行操作。本节将介绍素材的基本操作，例如添加、分割、复制、删除等，通过对素材的基本操作可以实现对视频的简单优化。

2.1.1　添加素材

打开剪映App，在初始界面点击"开始创作"按钮，即可打开手机相册，用户可以根据需要选择视频或图片素材。在选择素材文件时，可以选择1张也可以选择多张。在选中图片的右上角会显示选择的序号，点击"添加"按钮，如下左图所示。进入视频剪辑界面，此时图片按选中的顺序依次分布在同一条时间轨道上，如下右图所示。

提示：选择时可以预览素材

当从手机相册中选择图片或视频时，如果想先预览其效果，可以点击素材缩略图，即可全屏预览效果。当点击素材右上角圆圈时可以选中该素材。

在添加素材时，用户除了添加手机相册中的素材外，还可以从剪映提供的素材库中选择相应的素材并添加到项目中。点击"开始创作"按钮后，切换至"素材库"选项卡，其中包括热门、转场片段、搞笑片段、片头和片尾等类型，选择后点击"添加"按钮即可。

通过以上方法添加的素材会有序地排列在一条时间轨道上，用户还可以在该条时间轨道上再添加素材，或者再创建一条时间轨道继续添加素材。

（1）在同一轨道上添加素材

如果需要在同一轨道中继续添加新素材时，首先将时间线定位在需要添加素材的位置，点击轨道右侧的加号按钮，如下左图所示。再次打开手机相册，选择需要添加的素材，可以选1张也可以选多张，点击"添加"按钮，如下右图所示。

操作完成后，即可将选中的素材添加到时间轴定位处，如下图所示。

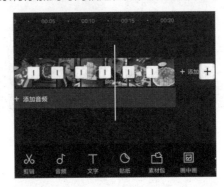

当在同一条时间轨道上添加素材时，并不会准确地添加到时间线定位处，有时在当前素材的前面，有时会在后面。这是因为时间线靠近当前素材的前端时，添加的素材会在当前素材的前面；时间线靠近当前素材的末端时，添加的素材会在当前素材的后面。

（2）在不同轨道上添加素材

如果需要在不同的时间轨道上添加素材，可以使用剪映工具栏中的"画中画"功能。首先将时间线定位在需要添加素材的起始位置，点击底部工具栏中"画中画"按钮，如下页左上图所示。接着再点击底部的"新增画中画"按钮，如下页右上图所示。

13

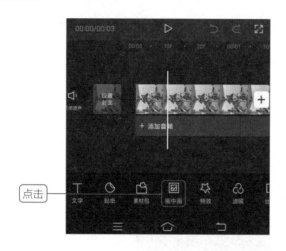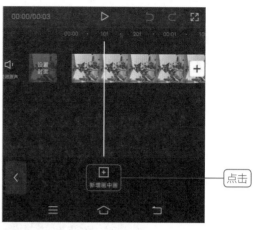

接着打开手机相册,选择需要添加的素材,点击"添加"按钮,如下左图所示。所选的素材会显示在原时间轨道的下方,起始位置为时间线定位处,如下右图所示。

当在同一时间点添加多个不同轨道,并返回到一级工具栏时,素材会以气泡的形式显示在轨道上,如下图所示。如果要显示所有时间轨道,点击素材缩览气泡即可。

2.1.2　分割素材

通过分割素材可以将视频中不需要的片段进行选择性的删除，只保留需要的部分。首先将时间线定位在需要进行分割的时间点上，然后点击工具栏中"剪辑"按钮，在二级工具栏中点击"分割"按钮，如下左图所示。此时，时间轨道上的素材在时间线位置被分割为两部分，如下右图所示。

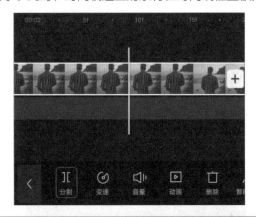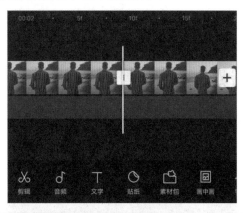

> **提示：快速放大缩小时间轨道**
>
> 在时间轨道区域，双指背向滑动时可以放大轨道区域，双指相向滑动时可以缩小轨道区域。放大缩小时间轨道可以更精准地分割视频。

2.1.3　删除素材

如果对添加的素材不满意，或者要删除分割后的部分素材时，可以将该素材删除。首先在时间轨道上选中需要删除的素材，然后点击工具栏中"删除"按钮即可，如下左图所示。

在时间轨道中删除素材后，后面的素材会自动前移与之前的素材无缝连接，如下右图所示。如果删除最前面的素材，则后面的素材也会自动前移到时间轨道最前方。

2.1.4 复制素材

如果在制作视频过程中需要重复使用某素材时，可以多次点击轨道右侧加号按钮添加相同的素材，也可以使用"复制"功能复制素材。

首先在轨道中选中需要复制的素材，点击底部工具栏中"复制"按钮，如下左图所示。操作完成后即可在当前素材右侧复制一份相同的素材，如下右图所示。

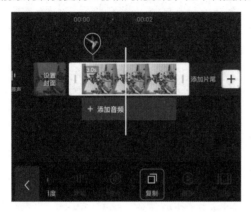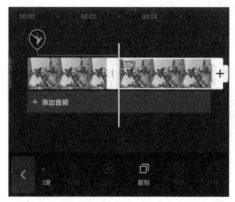

2.1.5 替换素材

替换素材可以将项目中某素材替换为长于或者等于原素材时间的素材，替换后时间长度和原素材一致，所以不会影响视频的展示效果。如果直接将某素材删除，后面素材会前移，影响视频的效果。

在轨道区域选中需要替换的素材，点击工具栏中"替换"按钮，如下左图所示。进入素材选择界面，选择合适的素材，即可预览其效果，点击"确定"按钮，如下右图所示。

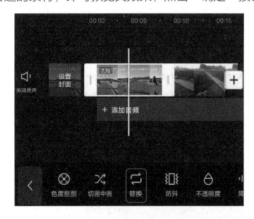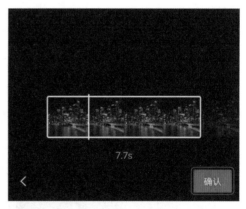

操作完成后，即可用选中的素材替换时间轨道上的原素材，替换前后两个素材的时间是一样的，均为7.7秒，如下图所示。

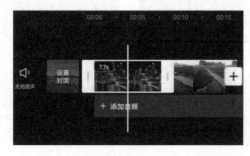

实战练习 快速剪辑视频并制作片头

根据前面学习的素材基本操作，利用分割、删除和替换功能快速剪辑视频并添加片头。下面介绍具体操作方法。

步骤01 打开剪映App，按顺序导入素材。将时间线定位在第1个视频的3秒左右，点击工具栏中的"剪辑"按钮，接着再点击二级工具栏中的"分割"按钮，如下左图所示。

步骤02 分割完视频后，选中右侧视频，点击工具栏中"删除"按钮，将多余的视频删除，同时后方右侧其他素材前移，如下右图所示。

步骤03 选择最左侧素材，此时视频时间为3.2秒，点击工具栏中"替换"按钮，如下左图所示。

步骤04 打开手机相册，切换至"素材库"选项卡，在"片头"列表中选择合适的视频，视频长度小于原素材时间的均不能添加，如下右图所示。

步骤 05 预览选中的视频，点击"确定"按钮，即可将片头视频替换到指定的位置，如下图所示。然后将其导出即可。

2.2 素材调整

剪映App提供了很多可以对素材进行调整的功能，包括调整素材顺序、持续时间、比例、播放速度等。通过对素材的调整，基本上可以满足不同的视频剪辑需求。

2.2.1 调整素材比例

在剪映中添加素材后，程序默认保持素材的原始比例。如果素材的比例不统一，在播放视频时两个画面切换会比较突兀，所以可以将素材调整为相同的比例。剪映提供几种预设的比例，例如9∶16、16∶9、1∶1、4∶3、2∶1和3∶4等。

在时间轨道中选择需要调整比例的片段，在工具栏中点击"比例"按钮，如下左图所示。在二级工具栏中显示程序预设的比例，直接在比例上点击即可，例如点击4∶3按钮，则屏幕显示4∶3的页面。双指在预览区域放大图片使其充满整个画布，如下右图所示。

2.2.2　调整素材的顺序

　　在使用剪映制作视频时，通常添加多份素材，导入素材的先后顺序是按照选择素材的顺序排列在时间轨道上的。轨道上显示添加的所有素材，如果需要进一步调整素材的顺序，只需要长按该素材，例如长按轨道上最右侧图片，如下左图所示。按住素材向左拖拽至最左侧，手指脱离屏幕即可。其余素材的顺序不会发生变化，如下右图所示。

按住轨道上素材　　　　　　　　　　　　　　　　　　　　　　　　　拖拽到合适位置

2.2.3　调整素材的持续时间

　　在剪映中添加视频素材时，在轨道上显示视频素材的时长，如果需要改变素材的持续时间，可以通过拖动素材两端的图标实现。选中素材，在左上角显示视频素材的总时长，两端出现"▯"图标，如下图所示。

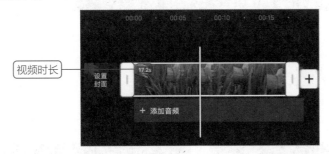

视频时长

　　如果拖拽两端"▯"图标向内移动可以减少视频素材的时长，例如拖拽末部"▯"图标向左移动，此时左上角的时间变短，如下左图所示。当拖拽"▯"图标向外侧移动时可以增加视频素材的时长，如下右图所示。

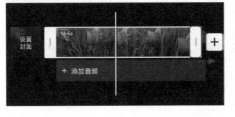

在剪映中调整视频素材的持续时间时，时长最长不能超过视频的原始时长，也不能过度缩短素材的时长。当添加图片素材时，默认每张素材片段的持续时间为3秒，我们也可以通过拖拽两端"▯"图标调整时长，其操作方法和调整视频素材的时长一样，如下图所示。

2.2.4 调整视频播放速度

在制作视频时，有的需要快放，有的需要慢放，例如搭配轻柔的音乐时，可以适当慢放，搭配快节奏的音乐时，可以加快播放速度，更具动感。

在剪映中可以通过"变速"功能调整视频播放速度，包括两种变速方式，分别为常规变速和曲线变速。在轨道中选中视频素材，点击工具栏中"变速"按钮，即可显示两种变速方式，如下图所示。

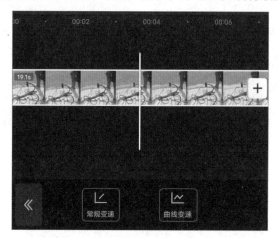

（1）常规变速

常规变速是调整整个视频素材的播放速度。点击"常规变速"按钮，打开对应的变速面板，原视频为1x，时长为19.1秒，如下左图所示。当拖拽红色圆圈调整速率时，如果大于1x则视频的播放速度加快，如果小于1x则视频的播放速度减慢。例如调整速率为3.9x时，点击对号，在素材左上角显示调整后视频的时长和视频的倍速，如下右图所示。

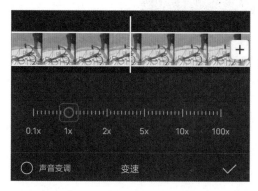

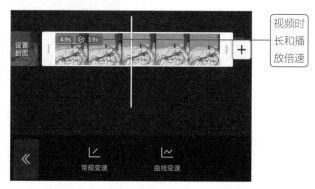

视频时长和播放倍速

（2）曲线变速

曲线变速可以调整素材部分内容加速播放，部分内容减速播放。点击"曲线变速"按钮，在子工具栏中显示预设的选项，例如蒙太奇、英雄时刻、子弹时间、闪进和闪出等，如下图所示。用户也可以点击"自定"按钮，根据需要自行调整速度。

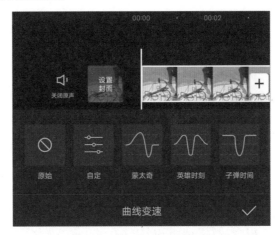

点击"自定"按钮，在打开的面板中纵坐标是速率，中间黄色横线表示1x，上方大于1x，下方小于1x，如下左图所示。在黄色横线上显示5个控制点，按住控制点向上或向下拖拽可调整当前时间点的播放速度，同时可以点击三角形按钮播放视频查看调整的效果，如下右图所示。

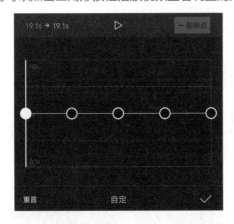 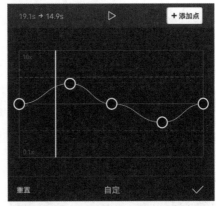

如果需要在黄色线上添加控制点时，将时间线定位在需要添加控制点处，点击"添加点"按钮即可，如下左图所示。将时间线定位在控制点上时，点击"删除点"按钮即可删除控制点，如下右图所示。

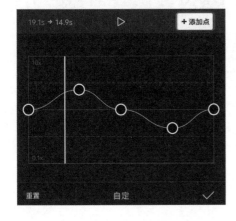 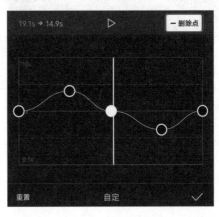

2.3 画面的调整

制作视频时，如果对使用素材的画面不是很满意时，用户可以进一步调整，以达到满意的效果。此时可以使用剪映中画面调整功能，例如镜像、旋转、裁剪等，可以达到非常好的视频效果。

2.3.1 调整画面的大小

在剪映中手动调整画面可以快速、有效地调整画面的大小和位置。添加素材后，在预览区域显示素材的原始大小，如下图所示。

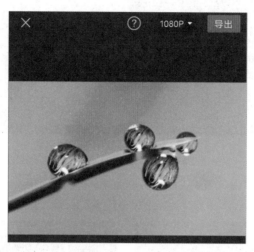

在轨道中选中素材，然后在预览区域通过双指来调整素材大小。双指相向滑动时，画面变小，如下左图所示。双指背向滑动时，画面变大，如下右图所示。

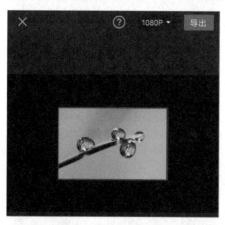

2.3.2 旋转画面

在制作视频时，为了调整画面的平衡，或者达到某种效果，需要对画面进行适当旋转。在剪映中，有两种方法旋转画面，分别为"旋转"功能和手动旋转，下面详细介绍两种旋转画面的方法。

（1）"旋转"功能

在剪映轨道中选择需要旋转的素材片段，点击底部工具栏中"编辑"按钮，如下页左上图所示。在二级工具栏中点击一次"旋转"按钮，可见画面顺时针旋转90度，如下页右上图所示。

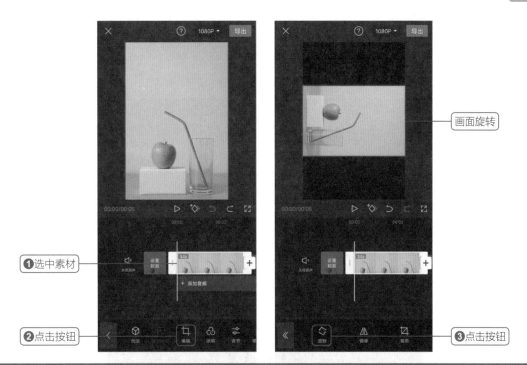

①选中素材

②点击按钮

画面旋转

③点击按钮

提示："旋转"功能的局限性

在剪映中使用"旋转"功能旋转画面时，只能按顺时针以90度为单位进行旋转。

（2）手动旋转

使用手动旋转画面时就比较灵活，可以按顺时针或逆时针以任意角度进行旋转。在轨道中选中素材，使用双指在预览区域按住画面进行旋转，同时上方显示旋转的角度，达到合适旋转角度后，松开双指即可。按顺时针旋转时，显示正的角度，如下左图所示。按逆时针旋转时，显示负的角度，如下右图所示。

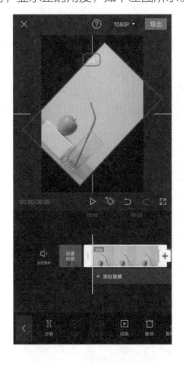 

2.3.3 镜像画面

镜像画面就是将画面左右颠倒。在轨道中选中素材，点击底部工具栏中"编辑"按钮，如下左图所示。再点击二级工具栏中"镜像"按钮，可见画面左右翻转，如下右图所示。

2.3.4 裁剪画面

裁剪画面可以将画面中需要的部分裁剪出来，将不需要的部分删除。使用"裁剪"功能可以对画面进行择优选取，可以更灵活地使用素材。

在轨道中选择需要裁剪的素材，点击工具栏中"编辑"按钮，接着在二级工具栏中点击"裁剪"按钮，在预览区域的画面中显示裁剪框，同时展开裁剪的面板，如下左图所示。在裁剪面板中滑动红色竖线时，上方显示角度，正数表示顺时针旋转并放大，负数表示逆时针旋转并放大，如下右图所示。

在裁剪面板中还显示剪映预设好的裁剪比例，用户可以直接选择，则裁剪框会变为相应的比例，例如选择16：9，如下左图所示。在裁剪框四周有8个控制点，按住控制点拖拽可以手动裁剪图片，裁剪图片后，系统会将保留的图片自动调整到和屏幕宽度一致。用户还可以调整图片的大小和位置，使要保留的图片内容显示裁剪框，如下右图所示。

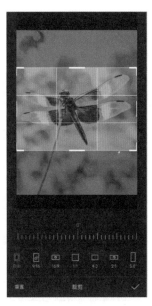

实战练习 制作盗梦空间效果

下面介绍使用剪映打造盗梦空间的效果的操作方法。制作该效果将使用所学到的"旋转""镜像""画中画"等功能，还将使用到抠图的相关功能。下面介绍具体操作方法。

步骤01 打开剪映App，添加城市视频素材，在轨道中选择添加的素材，点击工具栏中"复制"按钮，如下左图所示。

步骤02 选中复制的视频素材，点击工具栏中"切画中画"按钮，选中的素材显示在主轨道下方的轨道中，按住该素材向左拖拽，使其与主轨道素材的起始时间相同，如下右图所示。

步骤 03 选择复制的素材，点击工具栏中"编辑"按钮，再点击两次下级工具栏中"旋转"按钮，将选中的素材旋转180度，如下左图所示。

步骤 04 将复制的素材向上移动，使其显示出一半的部分。再选中主轨道上的素材，向下移动在画面中显示出一半的部分，此时在两份视频交接处会有一些突兀，如下右图所示。

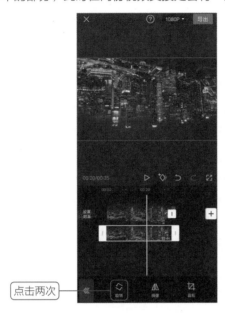 

步骤 05 再次选中复制的素材，点击工具栏中"编辑"按钮，在子工具栏中点击"镜像"按钮，完成后两个视频素材衔接就很好了，如下左图所示。

步骤 06 接着添加修饰性元素，点击"新增画中画"按钮，导入提供的"熊猫.mp4"视频素材，调整其大小并放在画面的左侧，如下右图所示。

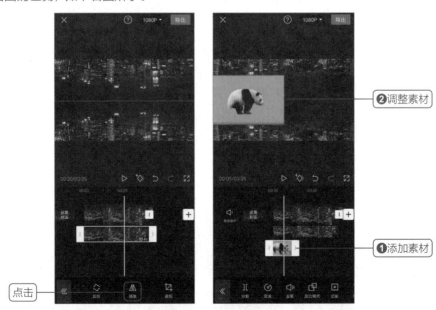

步骤 07 保持熊猫素材为选中状态，点击工具栏中"色度抠图"按钮，因为背景是纯色的，通过"色度抠图"功能抠取熊猫，如下页左上图所示。

步骤 08 图像上方显示取色器，移到背景上显示绿色，如下页右上图所示。

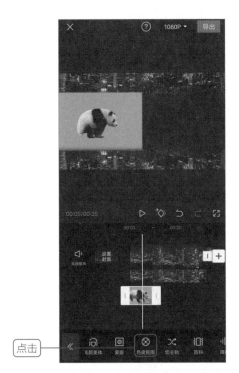 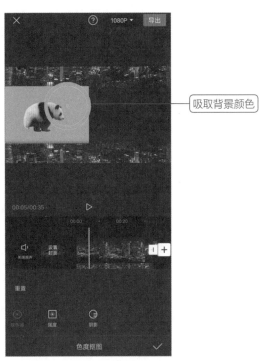

吸取背景颜色

点击

步骤 09 点击"强度"按钮，在展开的参数面板中向右拖拽光圈，查看抠图的效果，直到背景绿色全消失，如下左图所示。

步骤 10 将时间线定位在8秒左右，点击工具栏中"贴纸"按钮，如下右图所示。

 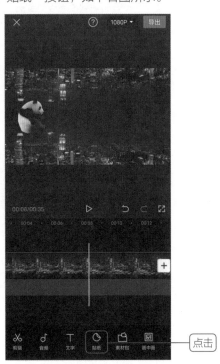

调整强度

点击

步骤 11 在展开的"贴纸"面板中选择一个文字效果，该贴纸显示在画面中心位置，调整贴纸的大小和位置，点击对号按钮，如下页左上图所示。

步骤 12 最后拖拽贴纸轨道右侧图标，使其结束时间和视频结束时间相同，如下页右上图所示。

②调整
①选择

调整时长

2.3.5 调整画面的混合模式

在视频制作过程中，如果在同一时间点的不同轨道上添加两组素材，我们可以通过调整画面的混合模式，制作出一些特殊的效果。剪映中的混合模式与Photoshop中的图层混合模式类似，其应用非常简单。

在剪映中添加素材，再通过"画中画"功能添加一份视频素材，并通过"色度抠图"功能将视频素材背景抠除，如下左图所示。保持视频素材为选中状态，点击底部工具栏中"混合模式"按钮，如下右图所示。

添加并处理素材

点击

在展开的面板中包括剪映所有的混合模式，变暗、滤色、叠加、正片叠底、变亮和强光等，同时还可以设置不透明度，更好地将两份素材结合在一起。此处选择"叠加"混合模式，点击对号按钮，如下页左上图所示，即可制作出一种动态的墙体涂鸦效果。

用户还可以在主轨道上添加其他背景素材，制作出不同的风格，如下页右上图所示。

2.4 画布的调整

使用剪映制作视频时，如果缩小素材或者素材不能充满整个画布的话，在画面四周出现黑色部分会影响视频的效果。此时，可以通过"背景"功能设置画布，增加画布的丰富感。

在剪映中添加一份16：9的视频素材，此时素材充满整个画布，点击工具栏中"比例"按钮，如下左图所示。在二级工具栏中点击9：16按钮，此时视频素材的上下方显示黑色的画布，如下右图所示。

2.4.1 设置画布颜色

画布的颜色默认是黑色的，用户可以根据需要自由地调整画布的颜色。在设置画布的颜色时，只能使用剪映系统提供的颜色，不可以自定义颜色。

打开剪映，添加视频素材，调整比例后点击工具栏中"背景"按钮，如下页左上图所示。在子工具栏中包含"画布颜色""画布样式""画布模糊"3个按钮，点击"画布颜色"按钮，如下页右上图所示。

　　展开画布颜色面板，通过左右滑动显示更多的颜色，在需要的颜色色块上点击，即可将该颜色设定为画布的颜色，如下左图所示。视频播放到下一个素材时，可见画布的颜色还是黑色的，用户可以根据之前的方法再选择合适的颜色，也可以点击"全局应用"按钮，将设置的画布颜色应用到项目中，如下右图所示。

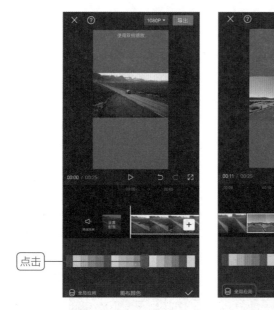

2.4.2　设置画布样式

　　上一节介绍设置画布颜色，是为画布设置纯色的效果，还可以将画布套用到各种样式中，制作出个性化的视频效果。

　　在剪映中添加视频素材，然后设置比例为9∶16，则在预览区域中，素材的上下两部分显示为黑色的画布。点击工具栏中"背景"按钮，在子工具栏中点击"画布样式"按钮，如下页左上图所示。

　　在展开的画布样式面板中选择合适的样式，即可应用到当前素材中，如下页右上图所示。如果点击"全局应用"按钮，则会应用到整个项目。

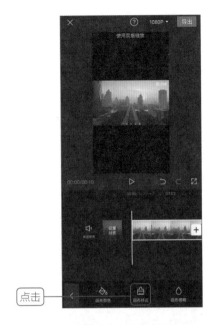
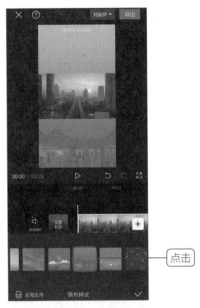

点击

点击

　　在画布样式面板中，用户除了选择预设的样式效果外，还可以自定义添加图片作为画布样式。添加的图片会自动调整到应用画布的比例，多余的部分不会显示。

　　在画布样式面板中点击左侧第2个按钮，如下左图所示。打开手机相册，选择合适的图片，即可应用到画布中，同时第2个按钮变为当前选择图片的样式，如下右图所示。

点击

提示：重新设置图片作为画布样式

已经设置了图片为画布样式，如果想更改图片时，可以点击图片按钮右上角的叉号，如下图所示。即可删除当前图片，再次点击该按钮重新选择图片即可。

点击

2.4.3 设置画布模糊

使用剪映中的"画布颜色"和"画布样式"功能添加的画布都是静态的，如果想要在添加视频素材后，画布背景也跟随着视频一起运动，可以使用"画布模糊"功能。"画布模糊"功能是将当前视频进行模糊处理并充满整个画布，其动画效果和原视频一致，可以增强画面的动感。

在剪映中添加视频素材，调整比例，在轨道中不选中任何素材，点击工具栏中"背景"按钮，在子工具栏中点击"画布模糊"按钮，如下左图所示。

展开"画布模糊"面板，提供4种具有模糊功能的按钮，从左到右模糊程度逐渐加深。为了使背景动画更明显，此处点击模糊程度最浅的按钮，如下右图所示。

如果点击"全局应用"按钮，会将设置的结果应用到项目所有素材中，无论是视频素材还是图片素材。而且为每份素材应用的画布背景与每份素材的内容和动画都是同步的。切换到轨道中的视频素材时，效果如下左图所示。切换至图片素材时，效果如下右图所示。

知识延伸：添加片头和片尾

　　一个完整的视频需要同时具有片头和片尾，这样看起来才更有代入感。在剪映的素材库中提供片头和片尾的功能，用户直接选择即可使用。剪映也提供自动添加片尾功能，同时用户可以在片尾直接编辑文本。下图为剪映默认的片尾效果。

　　如果不需要默认的片尾，可以将该功能取消。在剪映的初始界面，点击右上角"设置"按钮，如下左图所示。在打开的界面中点击"自动添加片尾"右侧按钮，在弹出的提示面板中选择"移除片尾"选项，如下右图所示。

　　已经添加剪映默认的片尾动画，用户如果想删除该片尾动画，则在轨道中选中片尾，点击工具栏中"删除"按钮即可，如下左图所示。如果用户想添加默认的片尾，则点击轨道中"添加片尾"即可，如下右图所示。

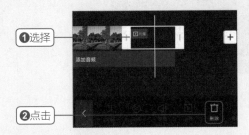

在剪映中如果手动添加片头，首先将时间线定位在轨道的最左侧，点击轨道右侧加号。进入选择素材界面，切换至"素材库"选项卡，在"片头"选项中选择合适的片头，点击"添加"按钮，如下左图所示。操作完成后，即可在轨道左侧添加选中的片头，如下右图所示。

如果用户不使用剪映默认的片尾视频，同样可以手动添加"素材库"提供的片尾动画。将时间线定位在轨道最右侧，点击右侧加号，切换至"素材库"选项卡，在"片尾"列表中选择合适的片尾动画，点击"添加"按钮，如下左图所示。操作完成后，即可在轨道右侧添加选中的片尾，如下右图所示。

"素材库"如果没有满意的片头和片尾动画，用户可以在网站中下载相关视频，通过添加素材的方法，添加片头和片尾即可。

上机实训：制作抖音书单视频

简单地理解"抖音书单"，就是在抖音上卖相关书籍，获得佣金奖励。抖音书单视频的好坏直接影响其销量，接下来结合本章所学的内容制作抖音书单视频。下面介绍具体操作方法。

扫码看视频

步骤01 打开剪映，在初始界面点击"开始创作"按钮，打开手机相册，选择准备好的视频素材，点击"添加"按钮，如下左图所示。

步骤02 不选择任何素材，点击工具栏中"比例"按钮，在子工具栏中点击9：16按钮，将画布比例设置成9：16，如下右图所示。

❶选择
❷点击

设置画布比例

步骤03 不选择任何素材，点击工具栏中"背景"按钮，在子工具栏中点击"画布模糊"按钮，如下左图所示。

步骤04 在展开的面板中点击右侧第2个按钮，然后点击"全局应用"按钮，如下右图所示。

点击

❶点击
❷点击

步骤 05 选择轨道上最左侧视频，时间线定位在2秒左右，点击"分割"按钮，然后再选择左侧分割的视频，再点击"删除"按钮，如下左图所示。

步骤 06 根据相同的方法对添加的视频素材进行分割，并删除多余的视频。再次选择第1个视频，点击"变速"按钮。

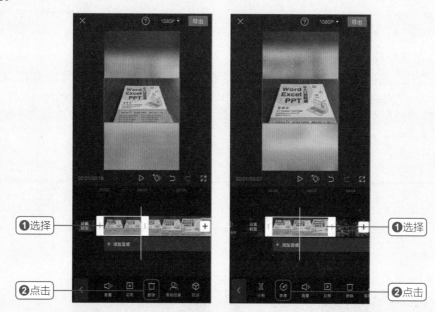

步骤 07 在子工具栏中点击"常规变速"按钮，拖拽红色圆圈向左移至0.7x左右的位置，延长视频时间减速播放，如下左图所示。

步骤 08 保持当前视频为选中状态，点击工具栏中"编辑"按钮，在子工具栏中点击"裁剪"按钮，如下右图所示。

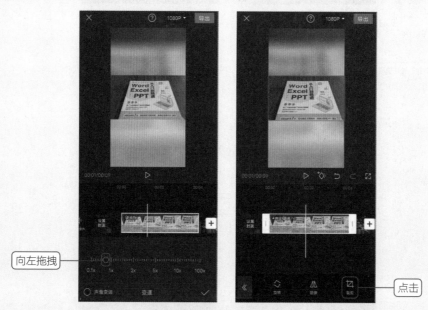

步骤 09 点击"4：3"按钮，裁剪框变为4：3，调整视频素材的大小和位置，使主体部分在裁剪框内，可以边播放视频边看裁剪的效果，然后随时进行调整，如下页左上图所示。

步骤 10 将裁剪后的视频放大与画布等宽，并移到画布的下方，如下页右上图所示。

移动

点击

步骤11 根据相同的方法裁剪其他视频素材，并移到相同的位置，可以保持素材的大小和比例一致。将时间线定位在第2个视频开始处，点击工具栏中"画中画"按钮，在子工具栏中点击"新增画中画"按钮，如下左图所示。

步骤12 打开手机相册，导入准备好的人物图片，其图片格式为png格式。调整其大小并放在视频中间位置，如下右图所示。

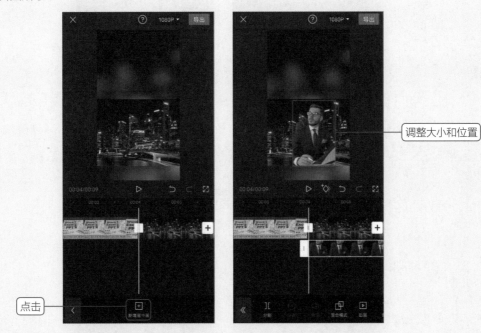

调整大小和位置

点击

步骤13 在轨道中选择添加的人物素材，点击"混合模式"按钮，在列表中选择"滤色"混合模式，适当设置不透明度，如下页左上图所示。

步骤14 时间线定位0秒处，点击工具栏中"文字"按钮，在子列表中点击"文字模板"按钮，如下页右上图所示。

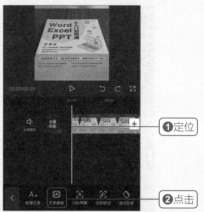

步骤 15 在文字模板中选择合适的效果作为标题，在画面中即可显示选中文字模板的效果，如下左图所示。

步骤 16 选择画布中添加的文字，重新输入"强烈推荐商务人士的一本书"，以及上方的英文"A HELPFUL BOOK"，调整大小和位置，如下右图所示。

步骤 17 通过"新建文本"功能添加其他文本并放在合适的位置，添加的文本是在标题文本出完之后再出现。最后调整画中画中所有素材的时间到视频结束，最终效果如下图所示。

课后练习

一、选择题

（1）如果在视频画面中添加其他素材时，在剪映中使用（　　　）功能实现。

　　A. 分割　　　　　　　　　　　　　　B. 复制

　　C. 画中画　　　　　　　　　　　　　D. 替换

（2）在剪映中使用（　　　）功能可将画布进行左右翻转。

　　A. 镜像　　　　　　　　　　　　　　B. 定格

　　C. 旋转　　　　　　　　　　　　　　D. 倒放

（3）如果想将画布设置成图片，使用（　　　）功能。

　　A. 画布颜色　　　　　　　　　　　　B. 画布样式

　　C. 画布模糊　　　　　　　　　　　　D. 旋转画布

（4）使用"替换"功能替换视频素材时，替换后的视频时长与原视频时长相比（　　　）。

　　A. 长　　　　　　　　　　　　　　　B. 短

　　C. 相等　　　　　　　　　　　　　　D. 不确定

二、填空题

（1）在同一轨道上添加素材时，时间线离素材开头比较近时，添加的素材位于当前素材的_____侧。

（2）通过"旋转"按钮旋转画面时，每单击一次顺时针旋转_____度。

（3）在"变速"的子工具栏中，_____调整整个视频素材的播放速度。

三、上机题

　　利用本章所学素材处理和画面调整的内容制作一个短视频，以一张图片素材制作而成。本案例主要使用裁剪、镜像、画布模糊等功能，部分效果如下图所示。

图 第3章 添加视频动画与转场效果

本章概述

本章主要介绍添加视频动画和转场效果的相关知识，利用这些知识可以为视频的开头、结尾以及中间添加良好的过渡效果。同时还学习"素材库"的相关内容，可以充分利用剪映为我们提供的资源。

核心知识点

❶ 熟悉动画的种类
❷ 掌握动画应用
❸ 掌握转场应用
❹ 了解素材库的应用

3.1 视频动画

为视频添加动画可以增强视频的动感。剪映中的动画共分为3种，分别为入场动画、出场动画和组合动画，本节将介绍添加动画的方法以及3种动画的应用。

3.1.1 为视频添加动画

打开剪映App，在初始界面点击"开始创作"按钮，打开手机相册，用户根据需要选择视频或图片素材。此时在时间轨道中按顺序导入选中的素材，各素材之间没有任何动画，只是将素材连接在一起。下面介绍添加动画的方法。

选中需要添加动画的素材，点击底部工具栏中"动画"按钮，如下左图所示。在子工具栏中显示3种动画，点击需要添加的动画，例如"入场动画"，如下右图所示。在展开的子工具栏中选择系统提供的入场动画即可。

当点击3种动画中的任意按钮后，在展开的面板中显示剪映包含的所有动画类型。动画缩略图显示动画的效果，下方显示动画的名称，用户可以很直观地理解动画的含义和效果。

3.1.2 入场动画

　　入场动画是为视频添加一个入场方式，多用于视频的开头。如果视频没有片头，也没添加入场动画，在播放时会比较突兀。点击"入场动画"按钮，包括"渐显""轻微放大""放大""向左滑动""向右滑动""镜像翻转"等动画，如下左图所示。

　　当选择合适的入场动画后，例如选择"渐显"动画，此时选中的视频左侧显示浅绿色半透明的部分，长度表示入场动画的时间。在预览区域视频由黑色逐渐过渡为视频内容，可以拖拽"动画时长"的滑动块调整入场动画的时长，如下右图所示。

 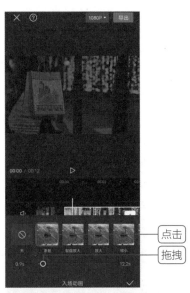

> **提示：入场动画的时长**
>
> 在制作短视频时，入场动画时长宜控制在1秒内，不宜过长。用户在调整时长时要边预览视频的效果边调整，直到满意为止。

3.1.3 出场动画

　　出场动画是为视频添加一个出场的方式，多用于视频的末端。点击"出场动画"按钮，包括"渐显""轻微放大""放大""向左滑动""向右滑动""镜像翻转"等动画效果。

　　选择出场动画，例如选择"向右滑动"动画，此时在选中视频末端显示橙红色半透明的部分，其长度表示动画时长，在预览区域查看设置的出场动画效果，如右图所示。

3.1.4 组合动画

组合动画是剪映系统将入场动画和出场动画组合在一起的效果。点击"组合动画"按钮，包括"旋转降落""旋转缩小""方片转动""分身""形变左缩"等效果。通过缩略图预览组合动画的效果，可见入场和出场的动画都很华丽，如果没有达到满意的效果，用户可以单独设置入场动画和出场动画。

在组合动画面板中选择"分身"动画，选中的视频上显示黄色半透明部分，覆盖整个视频。应用"分身"动画后，开始动画效果为旋转入场，如下左图所示。结束动画是从左右两侧向外滑出，如下右图所示。

3.2 "素材库"的应用

在剪映的添加素材界面中，切换至"素材库"，其中包含不同类型的视频素材，例如热门、转场片段、搞笑片段、片头和片尾等。用户不使用入场动画和出场动画时，可以使用"素材库"中的片头和片尾。

3.2.1 热门

"热门"类别中包含了白场、黑场和透明3项素材，如下图所示。这3种视频素材是比较实用的，当需要添加黑底或者白底时，可以快速找到这类素材。

实战练习 利用黑场制作片头

下面介绍使用"素材库"的"热门"选项中的"黑场"制作片头视频，制作方法比较简单，结合文字工具即可完成。下面介绍具体操作方法。

步骤 01 打开剪映App，点击初始界面中"开始创作"按钮，打开手机相册，切换至"素材库"选项卡，在"热门"中选择"黑场"，点击"添加"按钮，如下左图所示。

步骤 02 在编辑界面显示添加黑场视频，点击底部工具栏中"文字"按钮，在子工具栏中点击"新建文本"按钮，如下右图所示。

步骤 03 在画面中显示文本框，然后输入一句话，在面板中设置字体，在"动画"选项中为文字设置"渐隐"的出场动画，如下左图所示。

步骤 04 点击轨道右侧加号按钮，在"素材库"的"空镜头"列表中选择合适的视频素材，点击"添加"按钮，如下右图所示。

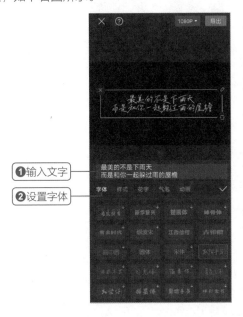

步骤 05 对黑场视频进行分割,删除多余的部分,同时调整文本的持续时间和黑场时长相同。选中右侧视频素材添加"渐显"入场动画并设置,如下左图所示。

步骤 06 至此,黑场的片头视频制作完成,效果如下右图所示。

3.2.2 片头和片尾

用户可以直接使用"素材库"中的"片头"和"片尾"提供的视频动画处理作品的开始和结束部分。在"片头"中包含倒计时、进度条和充电等开场视频动画,如下左图所示。在"片尾"中包含The end、GAME OVER和See you Next game等几种结束动画,如下右图所示。

3.2.3 裁剪与收藏素材

在剪映"素材库"中提供不同类型的视频,每个视频都是精心拍摄和挑选的,用户可以直接添加到自己的作品中。

用户在选择"素材库"中的素材之前，可以点击缩略图全屏预览视频，也可以根据需要对视频进行裁剪和收藏。在预览视频时，上方显示创建者信息，下方显示"裁剪"和"收藏"按钮，如下左图所示。

当点击"裁剪"按钮时，屏幕下方会显示裁剪框，通过拖拽两侧图标按钮，可以对视频进行裁剪，如下右图所示。

如果点击"收藏"按钮，剪映会将该视频存放在"素材库"的"收藏"选项下方，选中收藏的素材也可以直接添加到项目中，如下图所示。

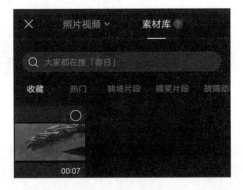

3.3 添加转场效果

转场效果可以使两个素材之间自然并且和谐地转换，不会特别突兀，同时可以添加作品的感染力。剪映中提供多种类型的转场效果，包括基础转场、运镜转场、幻灯片、特效转场和遮罩转场等，本节将详细介绍转场效果的应用。

3.3.1 添加转场的方法

当在轨道中添加两个或两个以上素材之后，点击素材之间"▯"图标，如下页左上图所示。即可打开"转场"面板，其中显示系统所有的转场效果，如下页右上图所示。

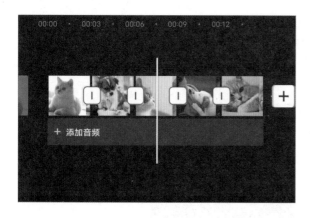 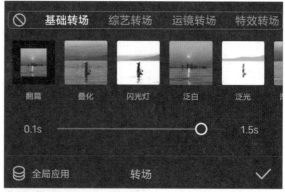

　　选择合适的转场效果后，点击右下角对号按钮即可为两段素材添加该转场。如果需要为项目中所有素材之间应用相同的转场效果，点击左下角"全局应用"按钮即可。

3.3.2　基础转场

　　在"基础转场"中包含一系列基本的转场效果，例如岁月的痕迹、叠化、闪光灯、泛白、渐变擦除、模糊和滑动等。基础转场主要是通过平缓的叠化和推移实现两个画面的切换。选择转场效果后，还可以设置"转场时长"控制转场时间，一般设置在1秒左右。

　　下左图是应用"叠化"转场的效果。"叠化"是将两个素材进行交叉淡化的效果。下中图是应用"滑动"转场的效果。下右图是应用"镜像翻转"转场的效果。

　　在素材之间应用转场效果后，放大时间轨道可见素材交叉显示，如果转场时间设置越长，交叉的区域就越多，如下图所示。

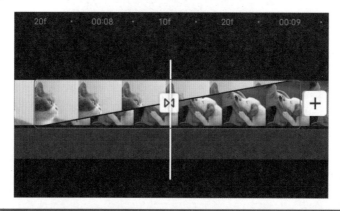

提示：取消转场效果

如果对添加的转场效果不满意，可以删除其效果。点击轨道中两素材之间图标，打开转场面板，并显示应用的转场效果，最后点击最左侧的"无"按钮即可删除应用的转场效果。

3.3.3　运镜转场

　　"运镜转场"的效果基本上都是针对方向性的应用，同时会产生回弹感和运动模糊的效果。"运镜转场"包含推近、拉远、色差顺时针、顺时针旋转、向下和向右等效果。

　　下面以"运镜转场"中"向右"转场为例展示转场前后的效果，下左图为转场前的效果，下中图为转场中的效果，下右图为转场后的效果。

　　运镜转场的添加以及设置转场时长的方法和基础转场基本一致，此处不再赘述。用户只需要根据制作视频的要求，选择合适的转场效果即可。

3.3.4　特效转场

　　特效转场比之前学习的基础转场和运镜转场，以及幻灯片的效果更加形象和丰富，因为"特效转场"中的多数转场都寄托于某个事物，如火焰、光斑、射线、烟雾和粒子等。合理地使用特效转场效果，会进一步加深观看者对视频情节的回味。

　　"特效转场"包含光速、分割、向左拉伸、粒子、炫光、冰雪结晶、故障、放射、白色烟雾和动漫火焰等效果。下面以"闪动光斑"转场为例展示转场前后的效果，下左图为转场前效果，下中图为转场中效果，下右图为转场后效果。

3.3.5　幻灯片

　　幻灯片转场效果和PowerPoint软件中"切换"动画很类似，这种转场效果可以使前一个画面渐渐旋转消失，下一个画面会逐渐显示。

"幻灯片"中包含了翻页、回忆、立方体、圆形扫描、倒影、开幕、百叶窗、窗格、风车、万花筒、压缩和弹跳转场效果。下面以"风车"转场为例介绍转场前后的效果,下左图为转场前效果,下中图为转场中效果,下右图为转场后效果。

实战练习 制作翻页电子相册

在"幻灯片"中包含翻页转场效果,通常用于制作翻书和电子相册等效果。本案例使用翻页转场结合音乐制作电子相册,下面介绍具体操作方法。

步骤01 打开剪映App,添加比例差不多的照片,点击工具栏中"比例"按钮,在子工具栏中点击4:3按钮,如下左图所示。

步骤02 选中素材,调整素材位于画面中心位置。点击轨道上两个素材中间的图标,打开"转场"面板,在"幻灯片"中点击"翻页"按钮,设置"转场时长"为1秒,然后点击"全局应用"按钮,如下右图所示。

步骤03 接下来为电子相册添加音乐,增加动感。点击工具栏中"音频"按钮,在子工具栏中点击"音乐"按钮,打开剪映的"添加音乐"界面,选择合适的音乐并试听,点击右侧"使用"按钮,如下页左上图所示。

步骤04 选中添加的音乐素材,点击工具栏中"踩点"按钮,进入"踩点"界面,点击"自动踩点"按钮,再点击"踩节拍I"按钮,自动在音频轨道下方添加踩点,并显示为黄色点,如下页右上图所示。

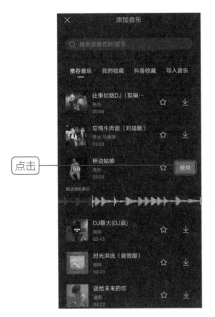

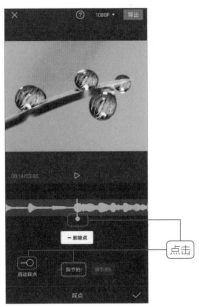

步骤 05 最后调整素材的时长，使各素材的翻页效果在踩点处，如下左图所示。

步骤 06 将时间线定位在视频轨道结尾处，选中音乐素材，依次点击"分割"和"删除"按钮，将多余的音乐删除，如下右图所示。

提示：添加音乐的设置

在剪映中添加音乐是常见的操作，添加背景音乐可以增加作品的感染力。在以后介绍制作卡点视频时还会介绍音乐的相关操作。

步骤 07 选中音乐素材，点击工具栏中"淡化"按钮，在打开的页面中设置"淡入时长"和"淡出时长"为2秒左右，如下页左上图所示。

步骤 08 最后将视频导出并观看效果。视频到音乐的节点时会执行翻页效果浏览下一张照片，效果如下页右上图所示。

查看翻页效果

设置

3.3.6 遮罩转场

"遮罩转场"主要是以不同形状的遮罩进行切换画面,主要包括云朵、圆形遮罩、星星、爱心和水墨等转场。下面以"撕纸"转场为例介绍转场前后的效果,下左图为转场前效果,下中图为转场中效果,下右图为转场后效果。

  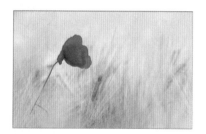

3.3.7 MG转场

"MG转场"一般是通过转场画面介入,即在前一段视频结束时将整个画面完全遮挡,此时无法分辨出视频的画面,接着就带入下一个视频画面。其转场效果比较明显,多用于连贯性不是很强的两个或多个素材之间的转换。

"MG转场"主要包括水波卷动、水波向右、白色墨花、动漫漩涡、箭头向右和矩形分割等效果。下面以"蓝色线条"转场为例介绍转场前后的效果,下左图为转场前效果,下中图为转场中效果,下右图为转场后效果。

 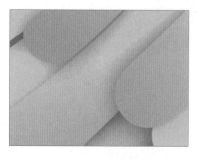 

知识延伸：为视频应用滤镜

滤镜是各大视频编辑软件和图像处理软件的必备功能之一，通过为素材添加滤镜可以使画面更加生动和绚丽。

在剪映中用户可以为选中的素材应用滤镜，也可以将滤镜作为独立的素材显示，轨道中为不同时间段的应用滤镜的素材。

（1）为整个素材应用滤镜

在轨道中选择需要应用滤镜的素材，然后点击底部工具栏中的"滤镜"按钮，如下左图所示。在"滤镜"页面中包含高清、精选、影视级和风景等类型的滤镜。在对应的选项中点击滤镜名称，例如点击"风格化"类型中的"珠光蓝"按钮，如下右图所示。

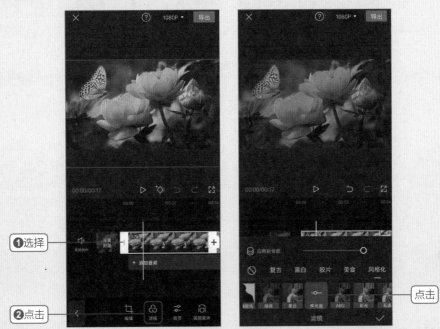

在"滤镜"页面中，拖拽页面的滑动块可以调整滤镜的强度，点击"应用到全部"按钮可以将设置的滤镜应用到项目中所有素材上，如下图所示。

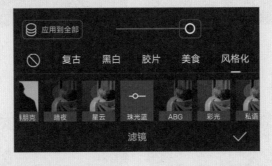

（2）将滤镜应用到某一时间段

在轨道未选中任何素材，点击工具栏中"滤镜"按钮，如下页左上图所示。在"滤镜"面板中点击应用的滤镜，例如点击"美食"选项中"气泡水"按钮，如下页右上图所示。

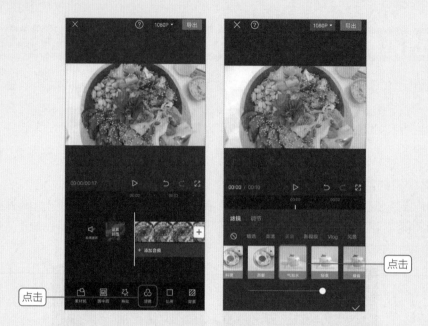

点击

点击对号按钮确认后，在轨道中添加"气泡水"的轨道，如下左图所示。调整滤镜素材的方法与调整视频和图片素材一样，可以调整时长和位置，如下右图所示。

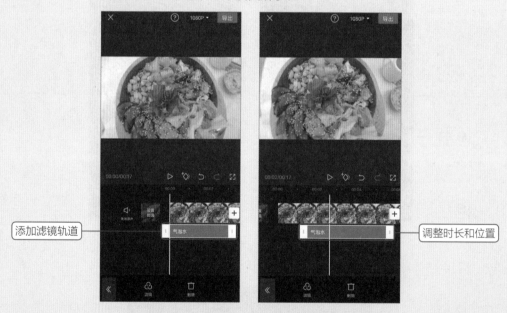

添加滤镜轨道　　　　　调整时长和位置

在为素材添加滤镜时，可以重叠滤镜。上述为素材添加"气泡水"滤镜后，未选中任何素材，点击工具栏中"新增滤镜"按钮，如下左图所示。点击合适的滤镜后，添加一条滤镜轨道，两个滤镜轨道可以同时应用在相同区域，如下右图所示。

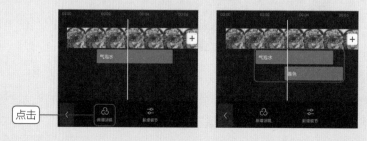

点击

上机实训：制作外滩烟花效果

扫码看视频

制作外滩烟花效果主要使用素材库中的烟花素材，并结合本章所学的动画和转场相关知识，添加相应的音效。下面介绍具体操作方法。

步骤 01 打开剪映，点击"开始创作"按钮，选择准备好的素材，点击"添加"按钮，如下左图所示。

步骤 02 不选择任何素材，点击工具栏中"比例"按钮，在子工具栏中点击"9∶16"按钮，将画布比例设置成9∶16。然后调整素材文件的大小和位置，使其充满整个画面并位于中心位置，如下右图所示。

❶选择

❷点击

设置画布比例

步骤 03 将时间线定位在轨道最左侧，点击右侧加号按钮，在"素材库"的"节日氛围"中选中倒计时的素材，点击"添加"按钮，如下左图所示。

步骤 04 点击两素材中间图标，打开"转场"页面，在"基础转场"中选择"叠化"转场，设置"转场时长"为0.5秒，如下右图所示。

❶选择

❷点击

❶点击

❷拖拽

步骤 05 将时间线定位在3秒左右，即转场效果结束的时间点。点击工具栏中"画中画"按钮，再点击子工具栏中"新增画中画"按钮，如下左图所示。

步骤 06 打开手机相册，切换至"素材库"，在"节日氛围"中选择放烟花的素材，再点击"添加"按钮，如下右图所示。

步骤 07 将添加的烟花素材放大并稍微向右移动，此时素材背景是黑色的，并将外滩的图片遮挡。选中烟花素材，点击工具栏中"混合模式"按钮，如下左图所示。

步骤 08 在子工具栏中点击"滤色"按钮，此时烟花素材只显示烟花内容，可以稍微调整一下烟花的位置，如下右图所示。

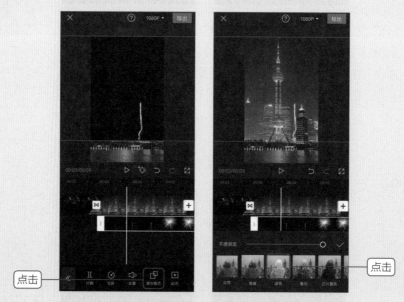

步骤 09 根据相同的方法在画面的左侧添加放烟花的素材，在上方添加漫天烟花的素材，将添加的素材设置为混合模式，并调整大小，如下页左上图所示。

步骤 10 将图片素材的时长调整至与烟花素材时长相同。选中图片素材，并点击工具栏中"动画"按钮，如下页右上图所示。

步骤11 在子工具栏中点击"出场动画"按钮,接着点击"渐隐"按钮,设置"动画时长"为1秒左右,如下左图所示。

步骤12 根据相同的方法为画中画素材均添加"渐隐"的出场动画和"渐显"的入场动画,时长为1秒左右,如下右图所示。

步骤13 预览视频效果,可见背景素材在烟花点亮的前后没有发生变化,点亮前应当是暗的,点亮后是明亮的。选中轨道中图片素材,将时间线定位在烟花即将点燃的前一刻,点击工具栏中"分割"按钮,如下页左上图所示。

步骤14 因为原图片比较明亮,所以只需要调整烟花点燃前的图片。选中分割前的素材,点击工具栏中"滤镜调节"按钮,如下页右上图所示。

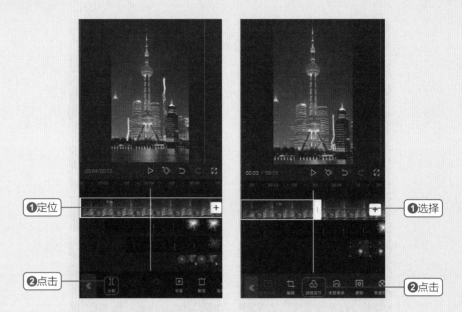

步骤 15 在"滤镜"子工具栏中点击"风格化"中"暗夜"按钮，此时图片的颜色变暗一点，如下左图所示。

步骤 16 点击裁剪图片素材中间的图标，添加"基础转场"中"叠化"按钮，设置"转场时长"为0.5秒，如下右图所示。

步骤 17 将时间线定位在开始位置，点击工具栏中"音频"按钮，如下左图所示。

步骤 18 在子工具栏中点击"音效"按钮，如下右图所示。

步骤19 打开"音效"页面，切换至"转场"选项卡，点击"321倒数"右侧的"使用"按钮，如下左图所示。

步骤20 选中添加的音效素材，点击工具栏中"变速"按钮，调整滑动块使倒数的声音与画面一致，如下右图所示。

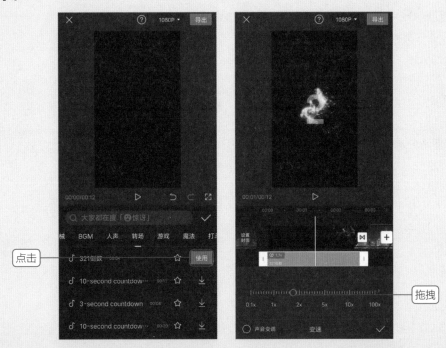

步骤21 将时间线定位在烟花刚点燃的位置，点击"音效"按钮，在"生活"选项中点击"放烟花"右侧的"使用"按钮。将多余的音效素材删除，如下左图所示。

步骤22 选中添加的音效素材，点击工具栏中"淡化"按钮，设置"淡入时长"和"淡出时长"的时间，如下右图所示。至此，本案例制作完成，将其导出即可。

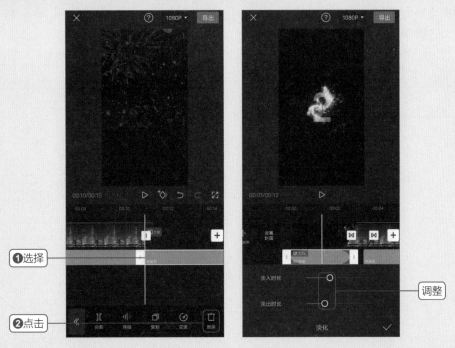

课后练习

一、选择题

（1）剪映动画分为3种，分别是入场动画、出场动画和（　　）。

  A. 渐显动画   B. 组合动画

  C. 闪黑动画   D. 片尾动画

（2）以下（　　）不属于入场动画。

  A. 雨刷   B. 轻微放大

  C. 渐隐   D. 镜像翻转

（3）可以使两个素材之间自然并且柔和地转换，不会特别突兀的功能是（　　）。

  A. 特效   B. 转场

  C. 滤镜   D. 动画

（4）（　　）转场一般是通过转场画面介入，即在前一段视频结束时将整个画面完全遮挡，此时无法分辨出视频的画面，接着就带入下一个视频画面。

  A. 基础   B. 遮罩

  C. 运镜   D. MG

二、填空题

（1）选中轨道中素材后，点击工具栏中＿＿＿＿按钮，在子工具栏中点击＿＿＿＿按钮，可以在开头添加动画效果。

（2）剪映中的转场包括基础转场、综艺转场、运镜转场、＿＿＿、幻灯片、遮罩转场和＿＿＿。

（3）翻页转场效果是＿＿＿转场类别中的效果。

三、上机题

  本章主要学习动画和转场的相关内容，下面将制作动态的电子相册。首先将照片素材添加到剪映中，然后为各素材添加应用动画效果，例如入场动画和组合动画。最后为素材之间添加转场，注意相邻素材都应用组合动画时可以不设置转场。下左图是为素材添加动画效果，下右图为素材之间添加推近转场。

图 第4章 图形蒙版

本章概述

本章主要介绍图形蒙版的应用，在剪映中使用蒙版可以在素材的某部分显示另一个画面的效果，从而制作出更炫酷的视频。通过本章学习，用户可以掌握6种蒙版的应用方法。

核心知识点

❶ 熟悉添加蒙版的方法
❷ 掌握移动、旋转和反转蒙版
❸ 熟悉调整蒙版的大小
❹ 掌握调整蒙版的羽化

4.1 添加蒙版

蒙版相当于一个选区，在选区内的部分可以显示，在选区外的部分将被遮挡。在剪映中，通过添加蒙版可以将不显示的画面制作成不透明或者半透明的效果，从而更能突出需要被显示的画面。

剪映为用户提供几种不同形状的蒙版，例如线性、镜面、圆形、矩形、爱心和星形。用户可以为素材添加固定形状的蒙版，然后调整蒙版显示所需要的内容。

首先介绍添加蒙版的方法。打开剪映，导入并选中素材，点击工具栏中"蒙版"按钮，如下左图所示。在打开的"蒙版"面板中包含多种形状的蒙版按钮，如下右图所示。

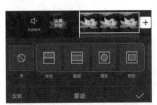

点击

当点击不同形状的蒙版时，会应用到选中的素材上。例如点击"镜面"按钮，效果如下左图所示。点击"爱心"按钮，效果如下右图所示。

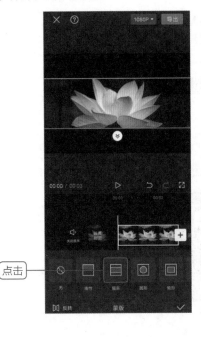
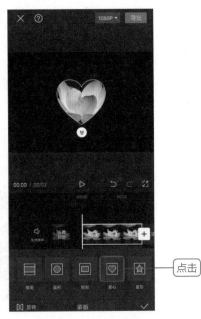

点击 点击

4.2 蒙版的操作

在剪映中为素材添加蒙版后，通常情况下都不是想要的效果，所以还需要对添加的蒙版进行调整。本节将介绍蒙版的操作，包括移动蒙版、旋转蒙版和反转蒙版。

4.2.1 移动蒙版

移动蒙版可以在画面中将添加的蒙版移动位置，更好地突出需要展示的部分。移动蒙版的操作比较简单，只需要在蒙版区域内按住然后拖拽即可，而且可以移动任意蒙版。下面以"爱心"蒙版为例介绍移动蒙版的方法。

选中素材，点击工具栏中"蒙版"按钮，在子工具栏中点击"爱心"按钮，其边框是黄色实线，如下左图所示。按住边框内任意位置拖拽即可移动蒙版，观察选区内的图像为需要显示的内容时，停止移动即可，如下右图所示。

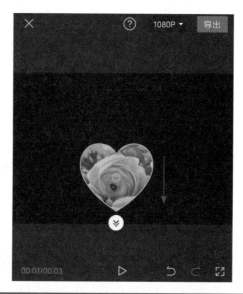

提示："线性"蒙版的移动

在剪映中除了应用"线性"蒙版之外的任意蒙版时，只需要按住边框内进行移动即可。而"线性"蒙版按住边框内时则无法移动，需要按住边框线进行上下拖拽移动蒙版，如下图所示。

按住边框移动蒙版

4.2.2 旋转蒙版

为素材应用蒙版后，双指在预览区域按住屏幕旋转即可完成蒙版的旋转操作，双指的旋转方向即为蒙版的旋转方向。

因为圆形的特质，所以旋转蒙版功能对于圆形蒙版来说是没有效果的。旋转蒙版的操作更多适用于除圆形蒙版外的蒙版。下面以"镜面"蒙版为例介绍旋转蒙版的方法。

在剪映中选择素材，根据之前的方法应用"镜面"蒙版，如下左图所示。双指在预览区域蒙版的边框内按住旋转，如下右图所示。

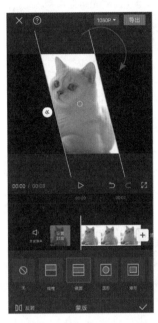

旋转蒙版时，其旋转的中心点是蒙版中黄色边框的小圆形，默认位于画面的中心位置。如果需要调整中心点时，可以按照移动蒙版的方法将其移动到指定位置，如下左图所示，再进行旋转蒙版操作，效果如下右图所示。

调整中心点

实战练习 制作分身的效果

在视频中经常看到在同一个画面中出现两个相同人物的效果，该效果就可以使用蒙版制作出来。制作该效果需要在相同的环境中拍摄人物在不同位置出现的照片，背景相同才能让画面更真实，下面介绍具体操作方法。

步骤 01 打开剪映App，导入背景相同，人物位置不同的两张照片，如下左图所示。

步骤 02 选中其中一份素材，点击工具栏中"切画中画"按钮，如下右图所示。

步骤 03 调整画中画的素材到轨道最左侧并选中，点击工具栏中"蒙版"按钮，如下左图所示。

步骤 04 在打开的"蒙版"页面中点击"线性"按钮，此时画中画的素材只显示上部分内容，并遮挡主轨道的素材内容，如下右图所示。

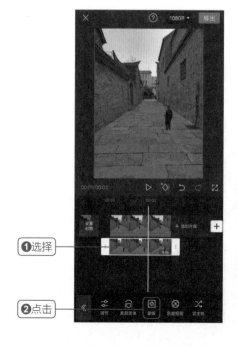

步骤 05 双指按住黄色线条进行旋转，使画面中显示完整的两个人物，也可以适当调整黄色线条的位置，如下左图所示。

步骤 06 点击对号按钮，就可以完成分身效果了。点击"导出"按钮将制作的视频导出即可，如下右图所示。

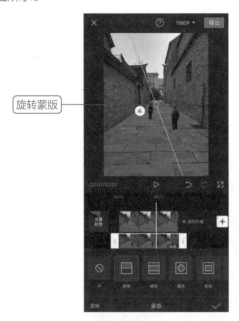

旋转蒙版

点击

4.2.3 反转蒙版

反转蒙版是将蒙版的选区进行反转，即反转前显示的内容变为遮挡的区域，反转前遮挡的区域变为显示的区域。

在剪映中导入素材，并添加画中画，选中画中画的素材，应用"圆形"蒙版，并适当调整位置，如下左图所示。点击"蒙版"页面左下角的"反转"按钮，此时应用蒙版的素材显示除圆形蒙版之外的所有内容，如下右图所示。

❷调整

❶点击

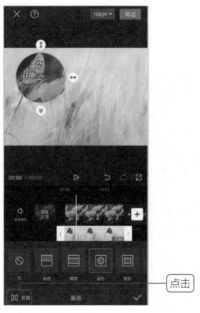

点击

4.3 蒙版的调整

前一节介绍蒙版的移动、旋转和反转，本节将介绍更改蒙版外观的操作，例如调整蒙版大小、羽化值以及设置角弧度。

4.3.1 调整蒙版的大小

调整蒙版的大小其实就是调整蒙版选区的大小。直接添加蒙版后，选区大小均为默认值。当添加圆形和矩形时，默认是正的形状，即正圆形、正方形，通过调整可以变为椭圆形或矩形。

调整蒙版大小的操作比较简单，应用蒙版后，双指从选区向外侧移动即可放大选区，如下左图所示。双指从选区向内侧移动即可缩小选区，如下右图所示。

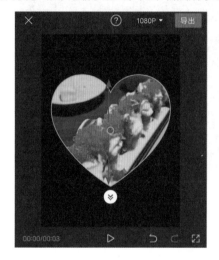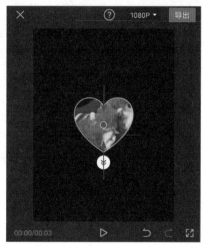

以上调整蒙版大小的方法除适合"线性"蒙版之外，还适合所有蒙版，此外"矩形"和"圆形"蒙版还可以分别调整水平和垂直方向上的大小。下面以"圆形"蒙版为例介绍调整大小的方法。

当应用"圆形"蒙版后，在蒙版上方和右侧显示双向箭头的按钮，按住后可调整该方向上的大小。蒙版上方的双向箭头可调整垂直方向的大小，右侧双向箭头可调整水平方向的大小。向上拖拽上方按钮时，以黄色边框的圆形为中心上下对称调整大小，效果如下左图所示。向右拖拽右侧按钮时，以黄色边框的圆形为中心左右对称调整大小，效果如下右图所示。

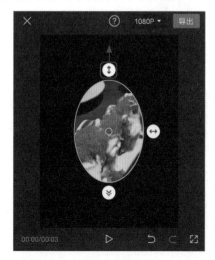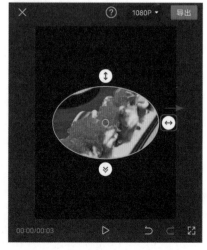

4.3.2 调整角的弧度

　　调整角的弧度是针对"矩形"蒙版的，因为剪映中包含的6种蒙版中只有"矩形"蒙版有此功能。通过调整角的弧度，可以将矩形的4个角进行圆角化，有助于缓解视觉上棱角分明的不适感，使画面看起来更加圆润。

　　为素材应用"矩形"蒙版后，在左上角出现◻图标，如下左图所示。按住该图标向外侧拖拽，矩形的4个角均被圆角化，如下右图所示。

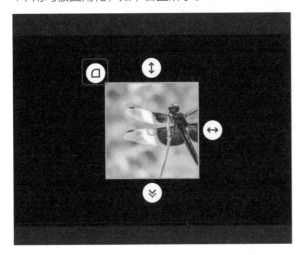 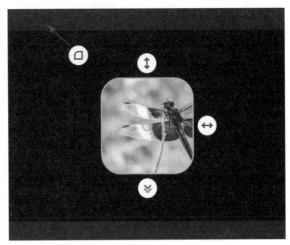

　　当向外拖拽◻图标至最远处时，正方形的外观变为正圆形，如下图所示。如果圆角化前矩形选项为长方形时，向外拖拽◻图标至最远处的话，选区变为椭圆形。

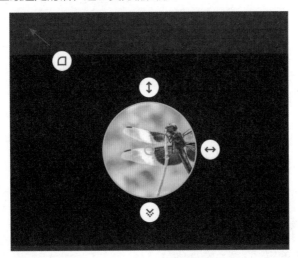

4.3.3 调整蒙版的羽化

　　使用过Photoshop的用户对羽化的含义并不陌生，羽化是指对选区之外被遮挡的部分进行虚化，从而使选区内外的画面自然地过渡。

　　当为素材应用任意一种蒙版后，在形状的下方显示☟图标，将该图标向下拖拽，即可对蒙版的边缘进行羽化。在剪映中导入素材，然后再添加画中画，并应用"圆形"蒙版，此时蒙版内的图像边缘与背景图像过渡不自然，如下页左上图所示。进入蒙版状态，将☟图标向下拖拽，同时观察预览区域中蒙版选项内图像的变化，当过渡比较平和时停止拖拽即可，如下页右上图所示。

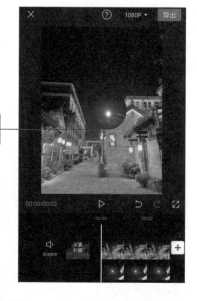

应用蒙版后
过渡不自然

通过本章介绍的知识可知，在对剪映中包含的6种蒙版的实际操作中，可以调整的范围不一定是相同的。下面通过表格介绍各种蒙版的操作范围。

蒙版	操作范围
线性	旋转、反转、移动、调整大小和羽化
镜面	旋转、反转、移动、调整大小和羽化
圆形	旋转、反转、移动、调整垂直和水平的大小、调整羽化
矩形	旋转、反转、移动、调整垂直和水平的大小、调整羽化、调整角的弧度
爱心	旋转、反转、移动、调整大小和羽化
星形	旋转、反转、移动、调整大小和羽化

实战练习 为视频更换天空背景

本实战是为某段视频更换天空背景，需要使用"线性"蒙版和设置羽化值功能。在视频中天空的比例很小，如下左图所示。为视频更换天空后，其天空比例变大，而且更蓝，如下右图所示。下面介绍具体操作方法。

步骤01 打开剪映App，点击"开始创作"按钮，选择准备好的视频素材。因为天空比例小，所以将素材向下拖拽，在上方预留出添加天空的位置，如下页左上图所示。

步骤02 通过"画中画"功能添加另一段视频素材，放大视频并放置在画面的上部，如下页右上图所示。

添加视频素材并向下移动

②调整素材
①添加素材

步骤 03 选中画中画的素材，点击"蒙版"按钮，在子工具栏中点击"线性"按钮，在预览区域调整黄色边框的位置，使其位置在稍高于主轨道的山峰处，如下左图所示。

步骤 04 此时，两份素材过渡不自然，拖拽下方的羽化按钮，在预览区域查看效果，达到过程自然时停止拖拽，在调整时可以根据需要重新调整素材的大小和位置，如下右图所示。

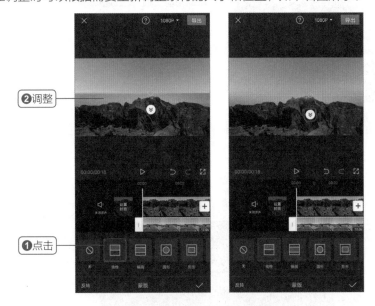

②调整
①点击

步骤 05 最后浏览视频并查看效果，因为画中画的素材最后天空部分比例也比较小，会将人物的头部露出来，所以时间线定位后，通过分割和删除，去除多余的部分，如下图所示。

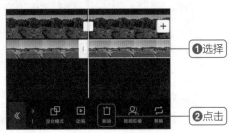

①选择
②点击

知识延伸：管理剪辑草稿

在剪映中关闭项目后，项目通常会自动保存在初始界面的"剪辑"中，可以方便用户以后随时查看、调用或修改视频内容。

在"剪辑"中点击草稿右侧▦按钮，在底部弹出对草稿进行上传、重命名、复制和删除操作的选项，如下左图所示。如果对草稿重命名，选择"重命名"选项，在弹出的面板中删除默认名称，重新输入新名称，点击"确定"按钮即可，如下右图所示。

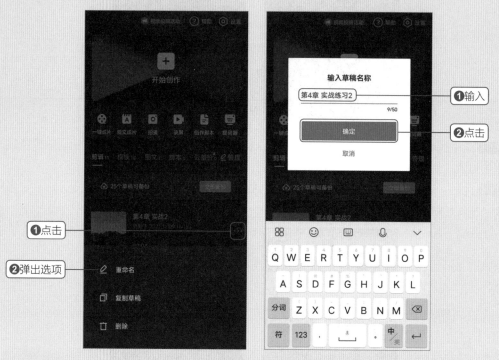

如果需要删除草稿，那么选择"删除"选项即可。如果要删除多个草稿时，点击"剪辑"右侧的"管理"按钮，草稿右上角变为圆圈，选中需要删除的草稿，点击底部"删除"按钮，如下图所示。弹出确认删除所选视频的面板，点击"删除"按钮即可。

上机实训：制作灯光卡点秀视频

灯光卡点秀视频通过一张照片制作而成，应用画中画、素材分割、添加蒙版、反转蒙版以及滤镜等功能。下面介绍具体操作方法。

扫码看视频

步骤 01 打开剪映，点击"开始创作"按钮，选择准备好的素材，点击"添加"按钮，如下左图所示。

步骤 02 选中添加的素材，点击工具栏中"复制"按钮，选择复制的素材再点击工具栏中"切画中画"按钮，如下右图所示。

步骤 03 将画中画的素材调整到最左侧开始位置，时间线也定位在轨道的最左侧，点击工具栏中"音频"按钮，如下左图所示。

步骤 04 在子工具栏中点击"音乐"按钮，进入"添加音乐"界面，我们需要卡点音乐，所以点击"卡点"图标，如下右图所示。

步骤 05 进入"卡点"界面，点击需要音乐右侧的"使用"按钮，如下左图所示。

步骤 06 在项目中添加选中的音乐，选择音乐素材，点击工具栏中"踩点"按钮，如下右图所示。

步骤 07 接着依次点击"踩点"面板中的"自动踩点"和"踩节拍II"按钮，在音频素材的下方自动添加踩点，如下左图所示。

步骤 08 点击主轨道上方的气泡按钮，展开画中画素材并选中，点击工具栏中"滤镜调节"按钮，如下右图所示。

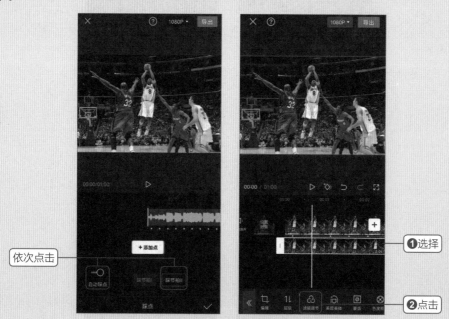

步骤 09 切换至"黑白"选项，点击"赫本"按钮，此时选中的素材变为黑白，褪去之前的彩色，如下页左上图所示。

步骤 10 将时间线移到音频轨道左侧第一个踩点处，选中画中画素材，点击工具栏中"分割"按钮，如下页右上图所示。

步骤 11 根据相同的方法在踩点处对画中画的素材进行分割，并适当延长两个素材的长度。选择画中画左侧第1个素材，点击工具栏中"蒙版"按钮，选择"圆形"，并调整蒙版区域的大小和位置，如下左图所示。

步骤 12 点击左下角"反转"按钮，将蒙版进行反转，此时蒙版内显示彩色，蒙版外显示黑白，再点击右下角对号按钮，如下右图所示。

步骤 13 根据相同的方法为画中画的其他分割的素材添加蒙版并设置反转蒙版，用户根据需要添加不同形状的蒙版。预览视频时，发现只有音乐是动感的，画面随着蒙版的变化不断变化，但是还是缺少动感，如下页左上图所示。

步骤14 选择主轨道中素材，点击工具栏中"动画"按钮，在子工具栏中点击"入场动画"按钮，选择"向右甩入"动画，为了让动画持续到结束，将"动画时长"设置到最长，预览时可见蒙版内的图像是动态的，如下右图所示。

步骤15 在视频的最后为了让画面显示全彩的效果，延长主轨道中素材的时长，在画中画结束处进行分割，再将右侧的素材进行分割。选择中间素材，点击"滤镜"按钮，为其应用"赫本"效果，如下左图所示。

步骤16 再为分割的素材应用"向右甩入"的入场动画并设置时长为最长，同时为右侧两个素材添加"叠化"效果的转场，如下右图所示。至此，本案例制作完成，将其保存并导出即可。

课后练习

一、选择题

（1）剪映中没有（　　　）蒙版类型。

　　A. 线性　　　　　　　　　　　　B. 星形

　　C. 爱心　　　　　　　　　　　　D. 五边形

（2）可以通过双向箭头按钮调整选区大小的蒙版，除了矩形蒙版外，还有（　　　）蒙版。

　　A. 爱心　　　　　　　　　　　　B. 星形

　　C. 圆形　　　　　　　　　　　　D. 线性

（3）（　　　）是指对选区之外被遮挡的部分进行虚化，从而达到选区内外的画面自然地过渡。

　　A. 羽化　　　　　　　　　　　　B. 旋转

　　C. 圆角化　　　　　　　　　　　D. 反转

（4）（　　　）蒙版可以设置角为圆角。

　　A. 星形　　　　　　　　　　　　B. 五边形

　　C. 矩形　　　　　　　　　　　　D. 圆形

二、填空题

（1）剪映为用户提供6种不同形状的蒙版，包括线性、＿＿＿＿＿＿、圆形、矩形、爱心和＿＿＿＿＿＿。

（2）剪映中如果要在蒙版内显示下一层素材的内容，需要使用＿＿＿＿＿＿＿功能。

（3）对蒙版进行操作时，可以调整垂直和水平方向大小的是＿＿＿＿＿＿和＿＿＿＿＿＿蒙版。

三、上机题

　　利用本章所学的蒙版内容，制作向左推动的视频转场效果，需要使用的功能有画中画、线性蒙版、旋转蒙版、羽化蒙版、移动蒙版、添加关键帧和贴纸，效果如下图所示。

图 第5章 添加字幕

本章概述

本章主要介绍文本字幕的应用，在剪映中添加字幕可以更清晰地表达音频内容。本章首先介绍添加字幕的方法和样式设置，然后介绍音频和文本的相互转换。

核心知识点

❶ 熟悉添加字幕的方法
❷ 掌握设置文本样式的方法
❸ 熟悉应用文字模板
❹ 掌握音频和文本的转换

5.1 创建基本字幕

为视频添加字幕进行解说，也有取代声音的效果。创建项目后，在未选中素材的状态下，点击工具栏中"文字"按钮，如下左图所示。在子工具栏中点击"新建文本"按钮，如下右图所示。

 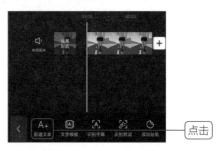

在画面的中心显示文字输入框，默认为白色文本，同时打开输入键盘，光标定位在文本框中，如下左图所示。接着通过键盘输入文字，如果需要换行点击键盘上的"下一项"按钮，然后继续输入文本，如下右图所示。不同的输入软件换行要点击不同的按钮，例如"下一项""换行"等按钮。

输入完成后，在画面中显示输入的文本，点击对号按钮。返回编辑界面就可以看见，在素材轨道下方添加文本轨道并显示输入的内容，如下图所示。

5.2 字幕的操作

在剪映中添加的字幕，使用的是默认的字体，字体颜色为白色，用户还可以根据需要进一步设置字体格式以及应用动画。

5.2.1 设置字幕样式

创建基本字幕后，用户还可以设置文字的样式，例如字体、颜色、描边、阴影和字间距等。所有的设置均在"样式"选项中设置，在剪映中有两种方法打开"样式"选项区域。

第一种方法，双击轨道中的文本素材，如下左图所示。即可进入编辑文本界面，默认选择的是"字体"选项区域，如下右图所示。

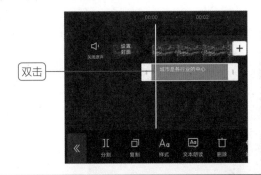

提示：创建字幕时，直接设置样式

当用户在项目中创建基本字幕时，默认打开"样式"选项区域。以上介绍两种打开"样式"选项区域的方法均是在创建基本字幕后的操作。

第二种方法，在轨道中选择文本素材，然后点击工具栏中"编辑"按钮，如下页图片所示。也可以直接打开"字体"选项区域。

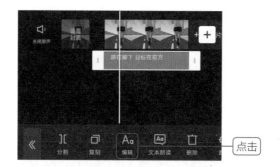

（1）设置字体和字体颜色

在"样式"选项区选择合适的字体，例如选择"新青年体"，添加的文本字体发生相应的改变，如下左图所示。在"颜色"选项区可以设置字体颜色，直接选择即可，如下右图所示。

（2）设置描边、阴影等效果

在"文本"的右侧包含"描边""背景"和"阴影"等选项，用户可以根据需要自行设置。切换至"描边"选项，在颜色面板中选择描边的颜色，例如选择深绿色，如下左图所示。用户还可以调节描边的粗细，拖拽下方"粗细度"滑动块向左描边变细，向右描边变粗，如下右图所示。

为了增加文字的立体感，可以适当添加阴影效果。为了使阴影更清晰，展示的效果图片选择为浅色背景。切换至"阴影"选项，选择阴影颜色为浅灰色，然后在下方设置透明度、模糊度、距离和角度的参数，如右图所示。

下面介绍"阴影"各参数的含义。

- **透明度**：设置阴影的透明程度，向左滑动阴影变浅，向右滑动阴影变深。
- **模糊度**：调整阴影的模糊程度，向左滑动阴影变清晰，向右滑动阴影变模糊。
- **距离**：调整阴影到文本之间的距离。
- **角度**：调整阴影的角度，由中间向左滑动阴影在文本的下方，向右滑动阴影在文本的上方。

调整参数

（3）调整文本的方向

在剪映中添加的字幕默认为横向排列，字间距和行间距也是默认的，用户可以自行设置调整。在"样式"中切换至"排列"选项，其中包含6个按钮，从左向右依次为左对齐、水平居中对齐、右对齐、顶端对齐、垂直居中对齐和底端对齐，如下左图所示。例如点击"垂直居中"按钮，效果如下中图所示。

调整为竖向显示时，行与行之间的距离太小，而字符之间的距离太大，这样很影响阅读。用户可以调整"字间距"和"行间距"。拖拽"字间距"滑动块向左移动，可见字符之间距离变小。拖拽"行间距"滑动块向右移动，可见行之间距离变大。效果如下右图所示。

（4）应用预设的样式

使用剪映提供很多种预设好的样式，可以快速美化字幕。预设的样式是结合描边、颜色和阴影等设计效果。用户为字幕应用预设的样式后，还可以根据需要进一步设置，设置方法和之前介绍的一样。

在"样式"选项中直接点击对应的预设样式，就可以快速美化字幕，如右图所示。

提示：添加标签

在"阴影"的左侧是"背景"选项，该选项可以设置文本框的底纹颜色，同时通过拖拽"透明度"滑块调整底纹颜色的透明程度。

5.2.2 应用"花字"

当用户在"样式"选项中设置的字幕效果不是很满意时，可以考虑使用"花字"效果。"花字"不但结合颜色、描边、阴影等效果，还可以为文字填充不同效果的图案。应用"花字"的操作比较简单，直接切换至"花字"选项点击对应的效果按钮即可。下左图和下右图分别应用两种不同的花字效果，给人的感觉也是不同的。

因为剪映提供的花字比较多，当用户需要某种类型的字体时，可以通过搜索快速查找。点击"花字"选项中左上角的搜索按钮，如下页左上图所示。在搜索框中输入关键字，也可以点击下方提供的关键字，此处输入"立体"，再点击键盘中"搜索"按钮，如下页右上图所示。

在"搜索结果"区域显示搜索的结果，包括剪映中所有立体效果的花字样式，直接点击即可应用样式，如下图所示。

5.2.3　添加文本动画

剪映提供一种文本动画，包括入场动画、出场动画和循环动画，应用这些动画可以使文本效果更加生动活泼。

（1）入场动画

在剪映中选中文本素材，点击工具栏中"样式"按钮，切换至"动画"选项，默认为"入场动画"，如下页左上图所示。入场动画包括波浪弹入、模糊、羽化、随机飞入、生长、空翻、开幕、卡拉OK和打字机等。向左滑动点击合适的入场动画，例如"爱心弹跳"按钮，拖拽下方青色滑动块调整动画的时长，同时在预览区域查看动画的效果，如下页右上图所示。

（2）出场动画

出场动画用于文本从画面中消失的动画，包括模糊、波浪弹出、溶解、生长、弹簧、擦除和打字机等。点击"打字机I"按钮，调整红色滑动块设置出场动画的时间，在预览区域查看动画效果，如下左图所示。

（3）循环动画

在设置入场动画和出场动画时，可以通过滑动块调整动画的时长。循环动画应用的动画则会一直循环下去，不会停止，可以通过滑动块调整动画的快慢。在"循环动画"选项中点击"逐字放大"按钮，拖拽滑动块调整动画速度，如下右图所示。

实战练习 制作打字机动画效果

本实战通过所学的字幕内容为视频制作打字机动画效果，即在画面中逐个出现文本同时伴随着打字机声音。下面介绍具体操作方法。

步骤01 打开剪映，点击"开始创作"按钮，导入素材。点击工具栏中"文字"按钮，在子工具栏中点击"新建文本"按钮，如下页上左图所示。

步骤02 弹出输入键盘，输入一句话作为文本，适当缩小文本框并移到画面的底部。打开"字体"选项，设置字体为"新青年体"，应用字体样式，如下页右上图所示。

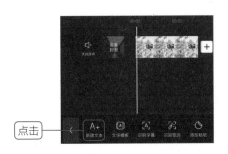

步骤 03 为了让文字的打字效果更明显,适当增加字间距。切换至"排列"选项,向右拖拽"字间距"滑动块,设置数值为4,如下左图所示。

步骤 04 切换至"动画"选项,在"入场动画"中选择"打字机III"入场动画,设置时间为2.5秒左右,如下右图所示。

步骤 05 设置入场动画后,在画面中显示打字机动画效果,接着添加音效。返回一级工具栏,点击"音频"按钮,在子工具栏中点击"音效"按钮,如下左图所示。

步骤 06 在音效中切换至"机械"选项,点击"打字声"右侧的"使用"按钮,如下右图所示。

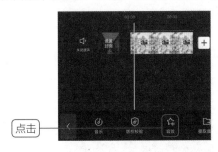

步骤 07 添加音效后,边看视频边听音效,发现音效比较快,和文字出现不一致。选中添加的音效素材,点击"变速"按钮,向左拖拽滑动块到0.7x处,如下页左上图所示。

步骤 08 至此,打字动画制作完成,导出视频即可。效果如下页右上图所示。

5.3 字幕的基本调整

在剪映中添加文本素材后，用户可以对文本素材进行适当调整。选中文本素材，在底部工具栏中显示"分割""复制""删除"等基本操作按钮，如下左图所示。

在预览区域可见在文本框4个角分布着4个按钮，左上角按钮表示删除字幕，左下角按钮表示复制选中的字幕，右上角按钮表示编辑文本内容，右下角按钮可以调整字幕的大小和旋转，如下右图所示。

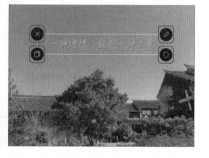

用户还可以在文本轨道上移动素材的位置和调整时长。按住文字素材，变为灰色状态时，可以左右拖动，调整素材的位置，如下左图所示。选中文字素材，按住素材左右两端图标左右拖动可以调整时长，如下右图所示。

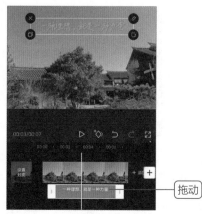

拖动

拖动

5.4 快速应用文字模板

　　剪映提供各种类型的文字模板，足够用户创建作品时使用。剪映中文字模板的类型包括片头标题、字幕、综艺感、万圣、旅行、时尚、国风、标记、气泡、便利贴和新年等。

　　在轨道中不选择任何素材，点击工具栏中"文字"按钮，在子工具栏中点击"文字模板"按钮，如下左图所示。切换至不同的类型，选择合适的文字模板，点击对号按钮，如下右图所示。

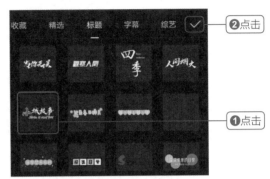

　　在画面中添加选中的文字模板的内容，以及应用模板的样式和动画效果。适当调整文本的大小和位置，效果如下左图所示。应用模板后还可以编辑文字，在画面中选中文字后，弹出键盘然后输入新文本，例如将"小"字修改为"说"字，新文本应用原样式，如下右图所示。

　　在剪映中应用文本模板后，用户只能修改文本的内容，无法编辑文本的样式。选中文本素材后，在工具栏中没有"样式"按钮，而且在预览画面中选中文本模板时，右上角不显示文本编辑按钮。

　　添加文本模板后，在轨道上的文本素材也可以进行分割、复制、删除、调整时长和移动位置等基本操作。

5.5 识别字幕和歌词

剪映提供的"识别字幕"和"识别歌词"功能可以快速识别视频中的语音和音频内容并创建字幕。剪映的识别准确率非常高,可以有效地帮助添加字幕。

5.5.1 识别字幕

打开剪映,导入准备好的素材,该视频素材中包含语音内容。点击工具栏中"文字"按钮,在子工具栏中点击"识别字幕"按钮,如下左图所示。弹出"自动识别字幕"对话框,默认选中"全部"单选按钮,点击"开始识别"按钮,如下右图所示。

执行操作后,软件开始自动识别视频中的语音内容,稍等片刻即可完成字幕识别并显示在画面的下方,还会自动生成音频对应的字幕轨道,如下左图所示。添加字幕后,选中字幕素材,点击右上角"编辑"按钮,如下右图所示。

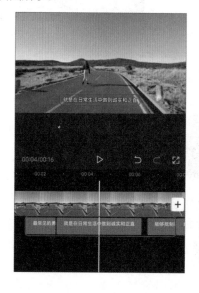
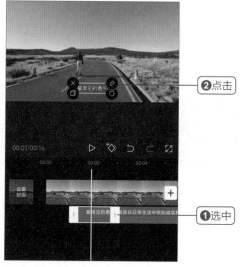

在"样式"界面中设置字体、颜色等格式。在"气泡"选项中选择合适的效果,增加字幕的展示效果,如下左图所示。剪映会将设置的样式和效果应用到所有字幕素材中,根据文字的多少自动调整大小,如下右图所示。

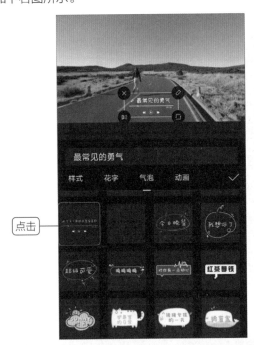

提示:清空已有字幕

如果在视频素材中包含字幕,而且不再需要已有的字幕,可以在"自动识别字幕"对话框中激活"同时清空已有字幕"按钮即可。

5.5.2 识别歌词

使用剪映中的"识别歌词"功能可以自动识别音频中的歌词内容,为视频添加字幕,适当应用动画效果可以制作动态歌词。

打开剪映导入素材,也即视频素材中所包含背景音乐的音频,点击工具栏中"文字"按钮,再点击子工具栏中"识别歌词"按钮,如下左图所示。弹出"识别歌词"对话框,点击"开始识别"按钮即可,如下右图所示。

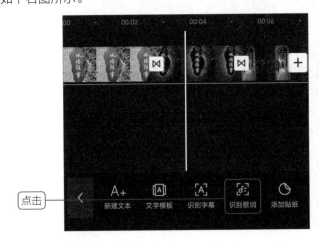
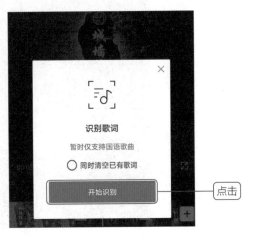

剪映软件开始自动识别背景音乐中的歌词，稍等片刻即可完成歌词识别，并显示在文本轨道中，同时在画面底部显示歌词内容，如下左图所示。选择字幕素材，点击工具栏中"样式"按钮，切换至"动画"选项，选择"卡拉OK"的入场动画效果，并设置颜色和时间。根据相同的方法为其他字幕应用相同的动画效果，如下右图所示。

5.6 文本朗读

文本朗读功能就是将输入的文字以声音方式显示，用户在转换时，可以应用剪映提供的不同种类的声音朗读。

在剪映中导入图片素材，然后通过"新建文本"功能添加文本，并在"样式"选项中设置文本颜色，"字体"选项中设置字体，最后将添加的文本移到画面的下方，如下左图所示。选中文本素材，点击工具栏中"文本朗读"按钮，如下右图所示。

在"音色选择"界面，选择声音的音色，其中包括知识讲解、新闻男声、雅痞大叔、亲切女声、知性女声、阳光男生以及各地方言等。此处点击"知识讲解"按钮，如下左图所示。点击右下角对号按钮，剪映自动生成并下载声音，同时在轨道上显示添加的音频素材，如下右图所示。最后根据音频的时长调整文本和素材的时长即可。

知识延伸：文本跟踪

在剪映中可以将文本设置成跟踪某物体，当物体移动时，文本会跟随物体而移动，物体变小时，文本也会变小。该功能也经常用在贴纸中，可以遮挡部分内容。

打开剪映，导入视频素材，在"文字模板"中选择模板并调整大小和位置，如下左图所示。用户也可以通过"新建文本"功能输入文本。选择文字素材，点击工具栏中"跟踪"按钮，如下右图所示。

在画面中显示为黄色的实线圆形，和调整圆形蒙版的方法相同，调整其大小和位置，位于汽车上方，点击下方"开始跟踪"按钮，如下页左上图所示。稍等片刻，即可设置完成，同时在预览区域显示跟踪的效果，如下页右上图所示。

❶调整

❷点击

选择文字素材,在工具栏中可以进行替换、分割、复制和删除等操作,同样也可以调整其位置和时长。此处设置和视频素材时长相同,如下左图所示。点击播放三角按钮,可见文字跟随着汽车的运动而运动,如下右图所示。

调整时长

上机实训:制作文字消失和显现的效果

下面制作的是春夏秋冬的短视频。画面中先显示春天的景象和描写春天的语句,当小贴画从画面的左侧移到右侧时,每移到一个文字上方该文字就会消失。接着在消失的文字处添加描写夏天的语句的第一个字,同时画面切换到夏天的景象,当文字消失后也完全显示描写夏天的语句。以此类推显示所有文字和秋冬的景象,最后添加背景音乐即可。

扫码看视频

步骤 01 打开剪映，点击"开始创作"按钮，选择准备好的素材，注意素材的顺序为春夏秋冬，点击"添加"按钮，如下左图所示。

步骤 02 单击素材之间的图标，在基础转场中点击"叠化"按钮，保持默认的转场时长，再点击"全局应用"按钮，如下右图所示。

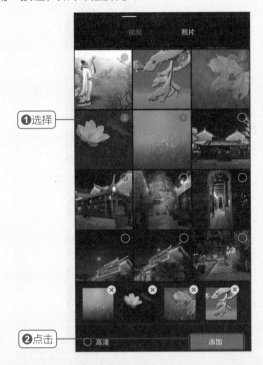

步骤 03 将时间线定位在开始的位置，点击工具栏中"文字"按钮，在子工具栏中点击"新建文本"按钮，如下左图所示。

步骤 04 在文本框中输入"春暖花开"，在"样式"选项中设置字体、样式和字间距，其中字间距设置为15，效果如下右图所示。

步骤 05 选择文字素材，点击工具栏中"动画"按钮，在"出场动画"中点击"打字机I"按钮，设置动画时长为2秒，如下左图所示。

步骤 06 将文字素材调整到时长2秒左右。在不选择任何素材状态下，点击工具栏中"贴纸"按钮，在"搞笑综艺"选项中选择合适的贴纸，如下右图所示。

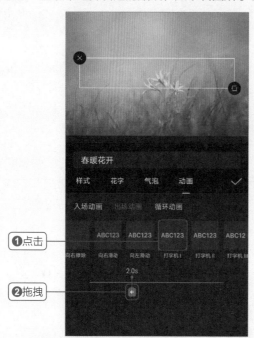

步骤 07 保持时间线位于开始位置，将添加的贴纸移到画面的左侧，点击播放键右侧的菱形图标，表示在当前时间线处添加关键帧，如下左图所示。

步骤 08 将时间线定位在"开"字快消失处，将贴纸移到该文字的上方，此时在贴纸轨道的时间线处会自动添加关键帧，如下右图所示。

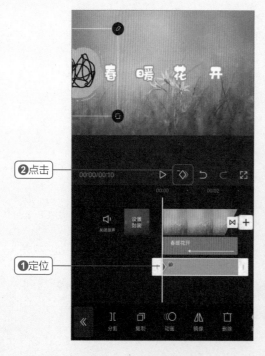
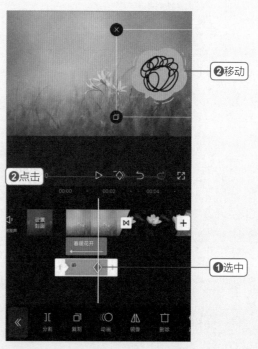

步骤 09 设置贴纸素材的时长在关键帧处，然后点击"动画"按钮，设置"渐显"入场动画和"渐隐"出场动画，动画时长均设置为0.5秒，如下左图所示。

步骤 10 为了让贴纸在文字的上方，选中贴纸素材，预览动画效果。选择文本素材，点击工具栏中"复制"按钮，将时间线移到"花"字消失处，将复制的文本素材移到此处，调整时长为4秒左右，如下右图所示。

步骤 11 选择复制的文本素材，点击工具栏中"样式"按钮，修改为"夏日炎炎"，打开"动画"选项，此时素材延用之前文本的出场动画。在"入场动画"中应用"打字机I"动画，设置动画时间为2秒，如下左图所示。

步骤 12 将时间线定位在显示"夏日"的文本处，将主轨道中春天素材的时长调整到此处，然后重新调整文本和贴纸的内容。效果是切换至夏天素材，如下右图所示。

步骤13 复制贴纸素材，移到"夏日炎炎"素材的下方，制作出文本消失和贴纸相结合的效果，同时调整夏天素材在"夏日炎炎"消失的时候显示秋天的素材，如下左图所示。

步骤14 根据相同的方法，复制对应的素材并调整到合适的位置，因为剪映中添加的轨道最多为5个，所以复制的素材可以重复放到其他轨道上，如下右图所示。

步骤15 返回一级工具栏，点击"音频"按钮，在子工具栏中点击"音乐"按钮，选择合适的音乐，点击"使用"按钮，并对添加的音频素材进行分割，如下左图所示。

步骤16 至此，本案例制作完成，将其保存并导出即可。下面展示几个视频效果，如下右图所示。

添加音乐

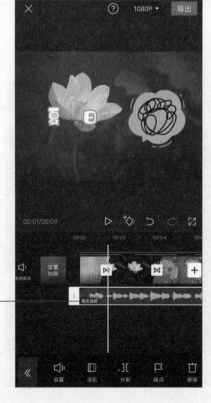

课后练习

一、选择题

（1）在"样式"选项中不可以设置文本的是（　　　　）。

    A. 字体　　　　　　　　　　　　　　B. 映像

    C. 颜色　　　　　　　　　　　　　　D. 阴影

（2）在剪映中可以将音频转换为文本的功能除"识别歌词"外，还有（　　　　）。

    A. 识别字幕　　　　　　　　　　　　B. 添加声音

    C. 文本朗读　　　　　　　　　　　　D. 声音变事

（3）通过文字模板添加文字后，用户对模板中的文字不能进行的操作是（　　　　）。

    A. 复制文字　　　　　　　　　　　　B. 修改文本

    C. 设置样式　　　　　　　　　　　　D. 调整大小

二、填空题

（1）在剪映中创建文本可以通过两种方式添加，分别为＿＿＿＿＿＿和＿＿＿＿＿＿。

（2）剪映中也可以为文本添加动画，入场动画、出场动画和＿＿＿＿＿＿。

（3）＿＿＿＿＿＿可以设置文本跟随视频中指定物体移动而移动。

三、上机题

    利用本章关于字幕的知识制作古诗课件的视频。首先导入与古诗相关的背景素材，然后通过"新建文本"功能输入古诗前4句，在"样式"选项区域中设置字体、颜色、阴影等。根据"文本朗读"选择"新闻男生"音色。根据音频长度调整文本和背景素材的时长。根据相同的方法设置古诗后4句，最后适当添加动画和转场效果，也可以添加符合主题的背景音乐。最终效果如下图所示。

 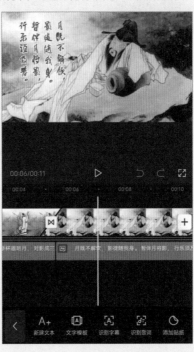

图 第6章　音频的处理

本章概述

本章主要介绍音频处理的相关内容。在制作任何视频时，音频必不可少，可以为视频添加音乐、音效和录音等。对音频的处理也很重要，例如淡化、变速和变声等，还可以添加踩点。通过本章学习可以掌握对音频的处理操作，为以后学习打下基础。

核心知识点

❶ 熟悉添加音乐的方法
❷ 熟悉音效和录音操作
❸ 掌握音频的调整
❹ 掌握踩点功能的应用

6.1　添加音乐

一个完整的短视频，通常是由画面和音频两个部分组成的，视频中的音频可以是视频原声，后期录制的旁白，也可以是特殊音效或者是背景音乐等。本节主要介绍在剪映中添加音频的方法。

6.1.1　在音乐库中添加音乐

剪映提供丰富的音乐库，包括卡点、纯音乐、旅行、美食、儿歌、萌宠、游戏、国风、舒缓、轻快、动感和可爱等，可以说能够满足各种场景的音频需求。

打开剪映并导入素材，在未选择素材的状态下，点击素材轨道下方"添加音频"文本，或者点击工具栏中"音频"按钮，如下左图所示。进入"音频"子工具栏，点击"音乐"按钮，如下右图所示。

操作完成后，进入剪映音乐素材库，在下方默认显示"推荐音乐"，其中包含使用比较多的音乐，用户可以点击右侧↓图标，即下载该音乐，也可以试听效果，如果满意点击右侧的"使用"按钮，如下页左图所示。

如果比较喜欢试听的音乐，还可以点击右侧五角星按钮，即可将该音乐收藏在"我的收藏"列表中，方便下次使用。

在"添加音乐"界面的上方是剪映音乐库的类别，其分类比较详细。用户也可以根据音乐的类别来快速挑选适合制作视频的背景音乐，例如通过向左翻转并选择"治愈"类别，如下右图所示。

接着进入"治愈"音乐库中，点击音乐右侧的⬇图标下载并试听，满意后点击"使用"按钮。如果用户想搜索喜欢的歌曲名称或者歌手姓名时，可以在"添加音乐"界面的搜索框中输入对应的名称。用户还可以搜索乐器的名称，例如搜索"古筝"，在搜索列表中选择合适的音乐，如下图所示。

6.1.2 使用抖音中的音乐

作为一款与抖音直接关联的短视频软件，剪映还支持使用抖音中收藏的音乐的功能。在操作之前需要在关联的抖音号中收藏音乐，以及将剪映和抖音关联起来。

点击工具栏中"音频"按钮，在子工具栏中点击"抖音收藏"按钮，如下页左上图所示。打开"添加音乐"界面，在"抖音收藏"列表中显示抖音中收藏的音乐，直接下载点击"使用"按钮即可，如下页右上图所示。

点击

点击

点击

提示：在抖音中收藏背景音乐/删除"抖音收藏"中的音乐

用户在浏览抖音时，如果喜欢背景音乐，可以点击下方音乐创建者的名称，会进入该创建者的界面，点击"收藏"按钮即可。如果想删除剪映的"抖音收藏"中的音乐时，在剪映App中是无法删除的，需要在抖音中取消收藏该音乐即可。

6.1.3 导入音乐

在剪映中除了以上介绍的添加音乐的方法外，还可以导入音乐，例如通过链接下载音乐，提取视频中的音乐和导入本地存储的音乐。

（1）通过链接下载音乐

通过链接下载音乐是指在音乐库中没有合适的音乐素材，而且在电脑中也没有存储的音乐素材，此时可以通过音乐链接下载音乐。

剪映主要通过链接导入平台音乐，下面以链接抖音中的音乐为例介绍具体操作方法。打开抖音，点击右侧下方 图标，在展开的界面中点击"复制链接"按钮，如下左图所示。打开剪映导入素材，点击"音频"按钮，在子工具栏中点击"音乐"按钮，在"添加音乐"界面中切换至"导入音乐"选项，点击"链接下载"按钮，在文本框中粘贴链接，点击右侧向下箭头的按钮，如下右图所示。

点击

❶粘贴

❷点击

剪映会解析链接，解析完成后将音乐导入到剪映中，在列表中点击"使用"按钮，即可将该音乐应用到视频中，如下页图片所示。

（2）提取视频音乐

剪映还支持对本地相册中存储的视频中的音乐进行提取。本功能可以直接将本地视频中的音乐快速地重复应用。

在"添加音乐"界面中切换至"导入音乐"选项，点击"提取音乐"按钮，再点击"去提取视频中的音乐"按钮，如下左图所示。在手机相册中选择需要提取音乐的视频，点击下方的"仅导入视频的声音"按钮，如下右图所示。

操作完成后，在下方显示从视频中提取的音乐，点击右侧"使用"按钮即可将音乐应用到制作的视频中，如下图所示。

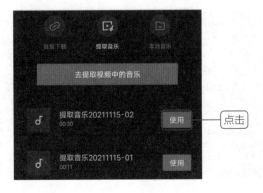

（3）导入本地音乐

如果用户需要使用本地存储的音乐库中素材，也可以直接导入本地音乐。在"添加音乐"界面中切换至"导入音乐"选项，点击"本地音乐"按钮，在下方显示存储的音乐，点击右侧"使用"按钮即可，如下图所示。

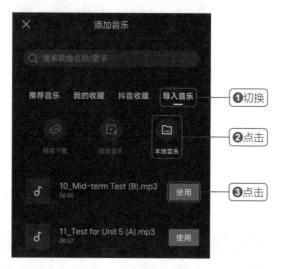

6.2　添加音效和录音

在剪映中除了为视频添加音乐外，还可以添加音效和录音。音效可以很好地表达视频中某个动作、表情或现象，通过添加音效可以吸引观众。通过"录音"功能可以添加对视频画面的讲解音频，使视频的内容表达更清晰。

6.2.1　添加音效

音效不同于音乐，音效可以增进某个场面的真实感或者烘托环境的气氛。剪映中提供了很多种类的音效素材，包括综艺、笑声、机械、人声、转场、游戏、魔法、打斗、动物、环境音、手机、乐器和生活等，基本上可以满足用户制作不同视频的需求。

将时间线定位在需要添加音效的位置，在未选中任何素材的状态下，点击工具栏中"音频"按钮，在子工具栏中点击"音效"按钮，如下左图所示。在打开的面板中显示剪映提供的所有音效类型，切换至相应的类别，其中包含很多种同类型的音效。例如切换至"动物"选项卡，在下面选择"小恐龙乱叫"音效，试听后点击"使用"按钮，如下右图所示。

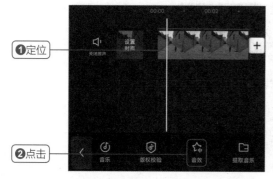

如果在指定的类别找不到想要的音效,在上方搜索框中输入关键字,例如输入"恐龙",点击"搜索"按钮,如下左图所示。在"搜索结果"列表中试听音效,满意后点击"使用"按钮,如下右图所示。

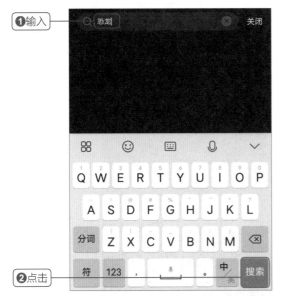

操作完成后,素材的下方轨道上即显示出所添加的音效素材,如下图所示。

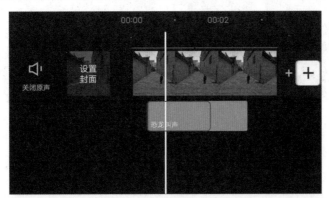

提示:关闭原声

在剪映中导入视频素材后,录制视频素材时,会录入很多环境的声音,此时需要关闭原声重新配音。直接点击素材左侧的"关闭原声"按钮,即可将视频素材中声音关闭,如下图所示。操作完成后"关闭原声"按钮变为"开启原声"按钮,如果需要开启原声,再次单击该按钮即可。

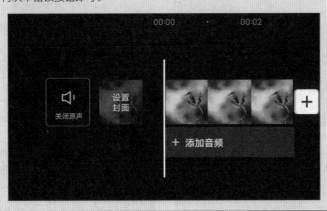

实战练习 添加音效，增强视频的感染力

本实战主要通过为视频添加风铃和风的音效，以及对音效进行相应调整，进一步展示音效对视频的作用。下面介绍具体操作方法。

步骤 01 打开剪映，点击"开始创作"按钮，在素材库的"空镜头"中导入两份视频素材，调整第二个素材的大小使其充满整个画面，如下左图所示。

步骤 02 选中第一个视频素材，点击工具栏中"变速"按钮，在子工具栏中点击"常规变速"按钮，拖拽滑动块到0.6x处，如下右图所示。

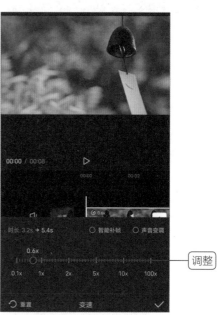

步骤 03 点击素材之间的图标，打开"转场"面板，在"基础转场"选项区域中点击"叠化"按钮，设置"转场时长"为1秒左右，如下左图所示。

步骤 04 通过"新建文本"功能添加文本，并设置文本的样式和"羽化向右擦开"的入场动画。添加的3个文本素材设置的样式和动画均相同，如下右图所示。

步骤 05 将时间线定位在风铃快要响的时候，点击工具栏中"音效"按钮，如下左图所示。

步骤 06 在搜索框中输入"风铃"关键字，选择合适的音频，点击"使用"按钮，如下右图所示。

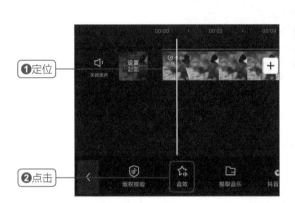

步骤 07 在时间线处添加风铃音效，将时间线定位在3秒左右，选中音效素材，点击工具栏中"分割"按钮，选择右侧被分割的素材，点击"删除"按钮，如下左图所示。

步骤 08 选中音效素材，点击工具栏中"变速"按钮，拖拽滑动块调整到0.7x处，如下右图所示。

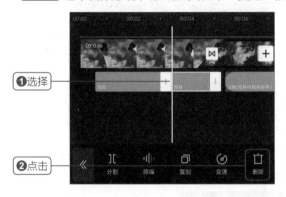
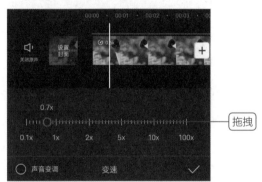

步骤 09 在第二个素材中添加风声夹杂着风铃的音效，调整时长并选中，点击"淡化"按钮，如下左图所示。

步骤 10 打开"淡化"面板，设置"淡入时长"和"淡出时长"均为0.5秒左右，如下右图所示。

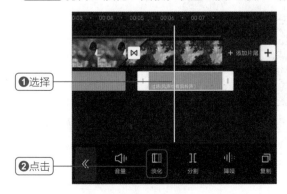
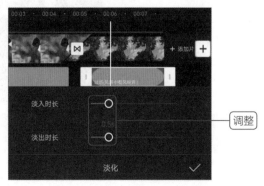

步骤 11 风的声音稍微有点大，选中风的音效素材，点击工具栏中"音量"按钮，拖拽滑动块调整为60左右，如下图所示。至此，本案例制作完成，将视频导出即可。

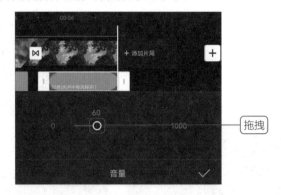

6.2.2　为视频配音

当用户制作课件或为视频讲解时，可以使用剪映中的"录音"功能。在剪映中添加需要配音的视频，将时间线定位在录音处，点击工具栏中"音频"按钮，在子工具栏中点击"录音"按钮，如下左图所示。此时还可以调整时间线的定位，按住底部"按住录音"的话筒图标，即可录制旁白、歌曲等，如下右图所示。

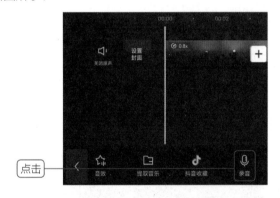

用户在录制的时候，不受导入视频大小的限制，即录制的音频可以比视频短也可以比视频长。录制完成后，释放"按住录音"按钮，即可在素材轨道的下方显示音频轨道，如下图所示。

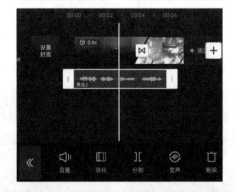

> **提示：关闭原声**
>
> 如果视频中包含原声，可以在保留原声基础上再录音，也可以关闭原声再录音。若要关闭原声，点击素材轨道左侧"关闭原声"按钮。

6.3 调整音频

在剪映中添加音频素材后，除了可以进行基础操作外（分割、删除和复制等），还可以调整音量、淡化和降噪等。这些操作可以提高音频的质量，使音频的表达效果更加理想。

6.3.1 调节音量大小

在剪辑视频时，可能会根据需要调整视频音量的大小。用户可以对音频素材中的音量进行自由调整，以满足各种场合的需求。

在轨道区域选中音频素材，然后点击工具栏中"音量"按钮，如下左图所示。打开音量调整的面板，拖拽音量的滑动块左右移动，即可调整音量的大小，如下右图所示。

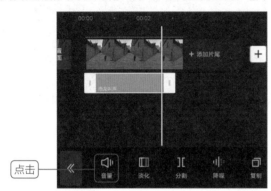
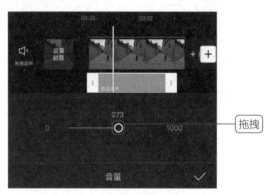

在"音量"面板中音频素材的初始音量一般为100。当向左滑动时，数值变小，声音也逐渐变小；向右滑动时，数值变大，声音也逐渐变大。如果将滑动块拖拽到最左侧，数值为0，将实现静音。

6.3.2 音频的淡化处理

在作品中添加音频后，为了避免在开头或结尾处太突兀，影响视频的观看效果，可以进行淡化处理，让开头淡入结尾淡出。

在轨道区域选中音频素材，点击工具栏中"淡化"按钮，如下左图所示。打开"淡化"面板，设置"淡入时长"为1秒左右，此时自动播放音频，开始声音是由小到大的，在音频轨道左侧出现子弹头形状，如下右图所示。

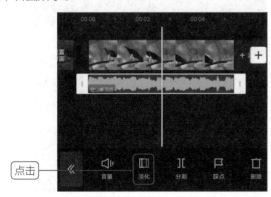
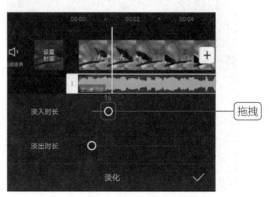

根据相同的方法拖拽"淡出时长"滑动块调整淡出的时间，在结尾处也会出现子弹头的形状，此时声音会逐渐变小并消失。

6.3.3 音频的变速处理

对音频进行变速处理，可以让音频素材的播放速度加快或者放慢。在慢节奏的视频中一般放慢音频的播放速度，在快节奏动感的视频中一般加快音频的播放速度。

在轨道中选择音频素材，点击工具栏中"变速"按钮，如下左图所示。在"常规变速"面板中显示音频默认播放倍速为1x，向左拖拽滑动块即可增加音频时长，如下右图所示。

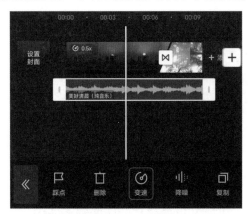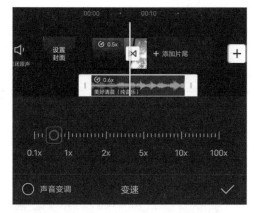

调整后，音频素材时长比视频时长更长，用户可以对视频进行裁剪或者拖拽两个白色图标向左右移动调整到合适的时长。

在进行音频变速处理时，如果想对旁白声音进行变调处理，选中"常规变速"面板右下角"声音变调"单选按钮。变速后人说话的音色将发生变化。

6.3.4 音频的变声处理

在处理视频中的声音时，可以对声音进行符合场景的变声处理。比如搞怪的声音配上幽默的话语，时常能吸引很多浏览者。

用户使用"录音"功能完成旁白的录制后，在轨道区域中选择音频素材，点击底部工具栏中"变声"按钮，如下左图所示。在"变声"面板中包括基础、搞笑、合成器和复古4种类型，每类包含不同的声音。此处在"基础"选项区域中点击"回音"按钮，播放试听变声后的效果，满意后点击右下角的对号按钮，如下右图所示。

在"基础"选项区域中包含萝莉、大叔、女生等变声效果，用户可以通过此功能轻松方便地完成男声变成女声等操作。

6.3.5 为音频添加踩点

音乐卡点视频是目前比较热门的视频玩法之一，通过后期处理，将视频画面的每一次转换与音乐鼓点相匹配，使整个画面的节奏感极强。

在剪映中也可以为音乐添加踩点，而且除了手动添加踩点外，还可以自动添加，并且能根据个人喜好选择节拍的模式。

（1）手动添加踩点

手动添加踩点需要用户一边试听音乐一边手动添加节奏点。在轨道区域中添加音乐素材并选中，点击底部工具栏中"踩点"按钮，如下左图所示。进入"踩点"面板，试听音乐，将时间线定位在需要添加踩点处，点击下方"添加点"按钮，如下右图所示。

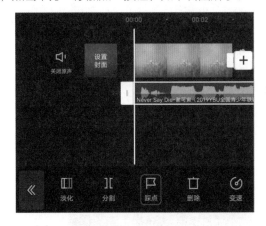
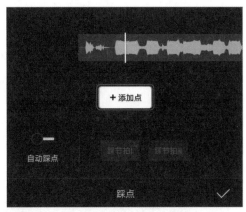

操作完成后在时间线下方添加黄色圆点表示踩点，此时"添加点"变为"删除点"按钮。如果需要删除某个踩点，将时间线定位在踩点上点击"删除点"按钮即可，如下左图所示。根据相同的方法添加踩点，点击右下角对号按钮，在音频轨道的下方显示添加的踩点，如下右图所示。

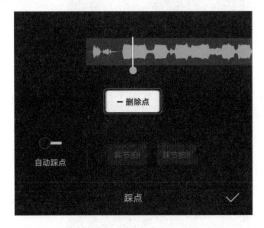
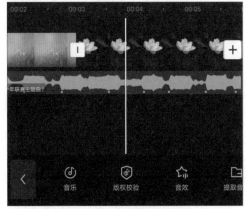

（2）自动添加踩点

自动添加踩点功能可以根据音乐的节拍，对音乐的节奏点进行自动标记。使用自动添加踩点使视频剪辑变得更高效，从而制作出更高质量的卡点视频。

在轨道中选择添加的音频素材，点击工具栏中"踩点"按钮，在"踩点"面板中激活"自动踩点"功能，然后在右侧点击"踩节拍I"按钮，可以在音频轨道中添加稀疏的踩点，如下页左上图所示。如果点击"踩节拍II"按钮，则在音频轨道中添加密集的踩点，如下页右上图所示。

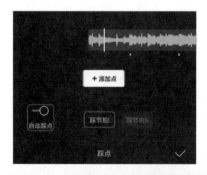 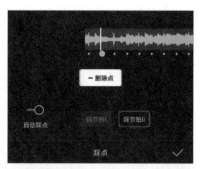

实战练习 利用自动踩点制作卡点视频

本节学习为音乐添加踩点的方法，接下来通过自动踩点功能快速标记节拍点，并制作出卡点视频。下面介绍具体操作方法。

步骤 01 打开剪映导入两张素材，调整素材的大小使其充满整个画面，并且添加相应的背景音乐，如下左图所示。

步骤 02 选中添加的背景音乐，点击工具栏中"踩点"按钮，如下右图所示。

 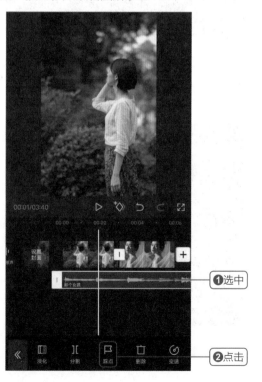

步骤 03 在"踩点"面板中激活"自动踩点"功能，点击右侧"踩节拍I"按钮，在音频轨道上自动添加节点，如下页左上图所示。

步骤 04 选择第一份素材，拖拽右侧白色图标，使其与音频轨道上第二个节拍点对齐。接着根据相同的方法调整第二份素材时长与音频轨道上第三个节拍点对齐，如下页右上图所示。

步骤 05 将时间线定位在素材轨道结尾处，选中音频，点击工具栏中"分割"按钮，选中右侧分割的音频，点击工具栏中"删除"按钮，如下左图所示。

步骤 06 为了使画面配合音乐节奏，为其添加动画和转场，增加动感。点击两份素材中间图标，进入"转场"面板，应用"水波向左"MG转场，设置"转场时长"为0.5秒，如下右图所示。

步骤 07 选中第一个素材，点击工具栏中"动画"按钮，接着应用"抖入放大"的组合动画，接着为第二个素材应用"向右甩入"的入场动画，设置"动画时长"为1秒，如下页左上图所示。设置的动画时长要长于两份素材的转场时间，否则动画效果不明显。

步骤 08 浏览视频时发现还有缺乏动感的部分，这是因为两个节拍点之间的时长有点长，还可以适当添加点特效。将时间线定位在1.5秒左右，点击底部工具栏中"特效"按钮，在子工具栏中点击"画面特效"按钮，如下页右上图所示。

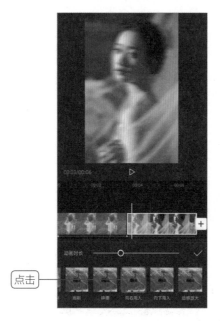

点击

点击

步骤 09 打开特效面板，切换至"氛围"选项卡，点击"星光绽放"按钮，在预览区域可以查看应用特效后的效果，如下左图所示。

步骤 10 根据相同的方法在第二张素材合适的位置添加"氛围"选项中的"梦蝶"特效，然后调整特效的时长到素材结尾处，如下右图所示。

点击

提示：调整特效的参数

特效的相关知识将在以后章节中详细介绍，应用特效后，在按钮上方显示"调整参数"，点击后在打开的面板中调整参数即可，如右图所示。

应用不同的特效，其调整的参数也不同，右图为应用"梦蝶"特效的参数，可以拖拽滑块调整"速度"和"氛围"。

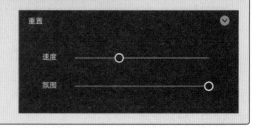

步骤11 至此本案例制作完成，将视频导出保存即可。下面展示案例的部分效果，如下图所示。

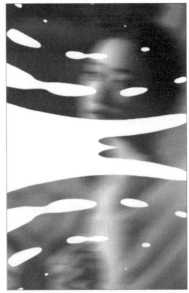

6.3.6　为音频降噪

对视频进行降噪处理可以让音频中的环境音和人的声音更加清晰和干净，而且在剪映中降噪处理操作很简单。

在剪映中导入视频素材和音频素材后，在未选中任何素材状态下，点击工具栏中"编辑"按钮，在子工具栏中点击"降噪"按钮，如下左图所示。打开"降噪"面板，激活"降噪开关"功能，剪映自动进行降噪处理，点击对号按钮即可，如下右图所示。

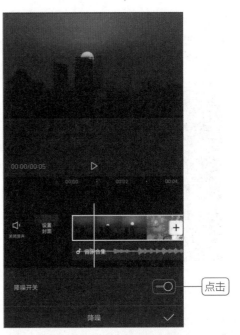

提示：对音频进行降噪

在轨道区域选中音频，在底部工具栏中点击"降噪"按钮，即可对选中的音频进行降噪。

知识延伸：音频素材的分割、删除和复制

音频素材和其他素材一样可以进行基本的操作，例如分割、删除、复制和移动等。下面简单介绍操作方法。

（1）分割和删除音频素材

在轨道区域将时间线定位在需要分割的位置，选中音频素材，点击工具栏中"分割"按钮，如下左图所示。操作完成后即可将音频素材在时间线处分割为两段，默认选中左侧分割的音频素材。

选择需要删除的音频素材，点击工具栏中"删除"按钮，如下右图所示。操作完成后即可将选中的音频素材删除，位于右侧素材的位置保持不变。

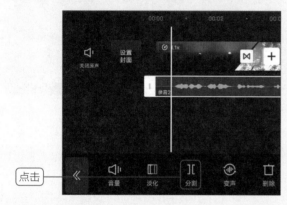 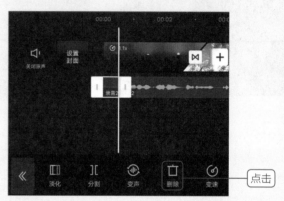

（2）复制和移动音频素材

在轨道区域选中需要复制的音频素材，点击工具栏中"复制"按钮，如下左图所示。操作完成后，即可复制一份完全相同的音频素材。

在轨道区域按住需要移动的音频素材，此时音频素材变为灰色状态，左右移动可以调整到不同的位置，也可以上下移动到不同的轨道上，如下右图所示。

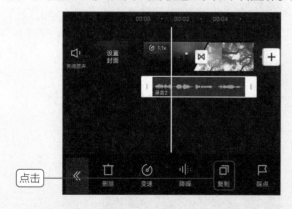 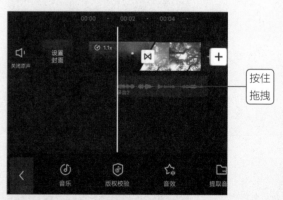

在轨道中选中音频素材，拖拽两端白色矩形图标可以调整音频的时长，调整时，最长为音频的原始时长。如果调整时长大于原始时长，可以通过"变速"功能来实现。

扫码看视频

上机实训：制作缩放卡点视频

下面制作缩放效果的卡点短视频，使用剪映中回弹伸缩动画和缩放动画效果制作而成，随着音乐的节拍，画面出现缩小放大的效果，增加画面的节奏感。下面介绍具体的制作方法。

步骤 01 打开抖音，切换至"音乐"选项卡，在上方搜索框中输入"小动物的歌曲"关键字，点击"搜索"按钮，点击"可爱的小狗"，如下左图所示。

步骤 02 在打开的音乐界面中，点击播放按钮试听音乐效果，满意后点击"收藏"按钮，完成操作后退出抖音，如下右图所示。

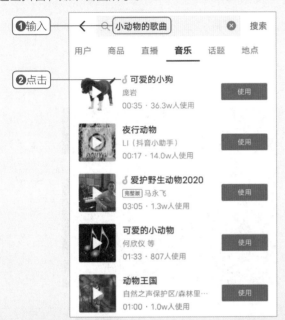

步骤 03 打开剪映，在开始界面点击"开始创作"按钮，进入素材添加界面选择准备好的狗狗图片，点击"添加"按钮，选中的图片依次显示在轨道区域，如下左图所示。

步骤 04 将时间线定位在开始的位置，点击工具栏中"音频"按钮，在子工具栏中点击"抖音收藏"按钮，如下右图所示。

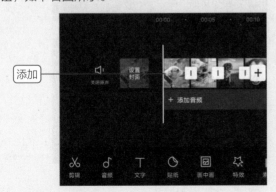

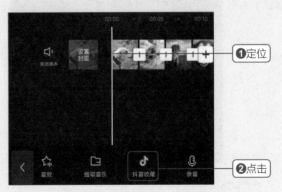

步骤 05 在"添加音乐"界面的"抖音收藏"选项区域中显示刚才收藏的音乐，点击右侧的"使用"按钮，添加该音乐，如下页左上图所示。

步骤 06 在轨道区域选中添加的音乐素材，点击底部工具栏中"踩点"按钮，如下页右上图所示。

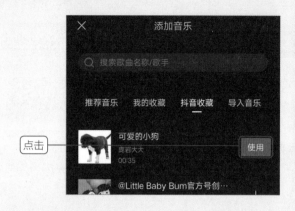 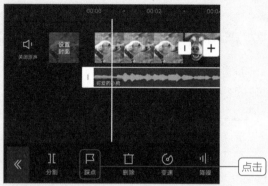

步骤 07 在"踩点"面板中激活"自动踩点"功能，点击右侧"踩节拍Ⅱ"按钮，在音频素材上自动添加节拍标记，如下左图所示。

步骤 08 适当调整素材轨道的大小，选择第一个素材，按住右侧白色矩形图标调整到第一个标记点上，如下右图所示。

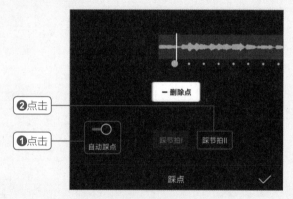 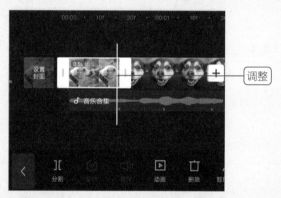

步骤 09 根据相同的方法调整其他素材至对应的标记点上，使每个素材的时长为两个相邻标记点之间的长，如下左图所示。

步骤 10 将时间线定位在素材的结尾处，选中音频素材，点击工具栏中"分割"按钮，选择右侧分割的音频素材，点击工具栏中"删除"按钮，如下右图所示。

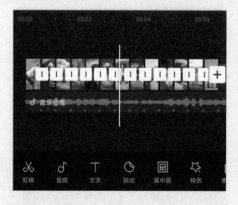 

步骤 11 选择第一个素材，点击工具栏中"动画"按钮，在子工具栏中点击"组合动画"按钮，如下页左上图所示。

步骤 12 在打开的"组合动画"选项中点击"回弹伸缩"按钮，为选中素材应用该动画，在预览区域查看应用组合动画的效果，如下页右上图所示。

①选择

②点击

点击

步骤13 选择第二个素材，根据相同的方法添加组合动画，此处添加的是"缩放"动画，在预览区域查看动画效果，如下左图所示。

步骤14 根据相同的方法，使其他素材均应用"缩放"组合动画，如下右图所示。

点击

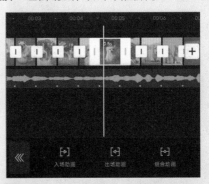

步骤15 将时间线定位在开始处，点击"特效"按钮，在子工具栏中点击"画面特效"按钮，如下左图所示。

步骤16 在"氛围"选项卡中点击"金粉聚拢"按钮，如下右图所示。

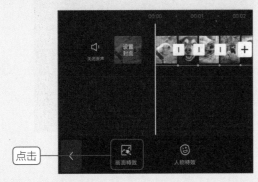

点击

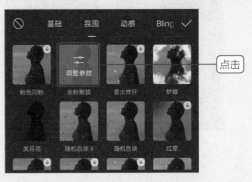

点击

113

步骤17 将特效素材调整到与视频素材等长。在一级工具栏中点击"比例"按钮，在子工具栏中点击
9：16按钮，设置画面的比例，如下左图所示。

步骤18 在一级工具栏中点击"背景"按钮，在子工具栏中点击"画布模糊"按钮，如下右图所示。

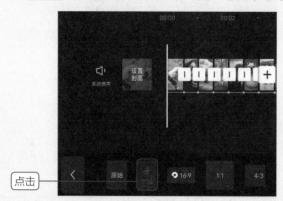
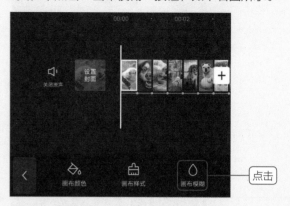

步骤19 在"画布模糊"面板中点击合适的按钮，设置背景模糊，点击"应用到全部"按钮，将所有
素材作为背景并模糊处理，如下左图所示。

步骤20 点击一级工具栏中"文字"按钮，在子工具栏中点击"文字模板"按钮，在"精选"选项区
域中点击合适的模板，如下右图所示。将文字模板中的文本修改为"最忠诚的朋友"，调整大小后移到画
面的上方，至此本案例制作完成。

课后练习

一、选择题

（1）在剪映中添加音乐库中的音乐时，点击一级工具栏中"音频"按钮，然后在子工具栏中点击（　　）按钮，进入音乐库。

A. 音乐　　　　　　　　　　　B. 音乐库

C. 录音　　　　　　　　　　　D. 歌曲

（2）当需要在视频中添加公鸡打鸣的音效时，可以在（　　）选项中查找对应的音效。

A. 叫声　　　　　　　　　　　B. 动物

C. 环境音　　　　　　　　　　D. 美食

（3）在剪映中调整音频的变速时，默认播放倍速为1x。如果向左拖拽滑动块，可（　　）音频的时长。

A. 不改变　　　　　　　　　　B. 缩短

C. 增加　　　　　　　　　　　D. 不确定

二、填空题

（1）在剪映中导入音乐通常有三种方式，分别为链接下载、_____和_____。

（2）设置音频素材的淡化效果时，可以设置淡入时长和_____。

（3）_____功能可以根据音乐的节拍，对音乐的节奏点进行自动标记。

三、上机题

　　利用本章关于音频处理的知识，制作甩入卡点视频。首先导入准备好的素材，然后添加卡点音乐，手动添加节拍标记点，如下左图所示。接着调整素材的时长到对应的节拍标记点，选中素材并添加"向右甩入"的入场动画，如下右图所示。为其他素材应用相同的入场动画，最后添加合适的特效即可。

图 第7章 添加贴纸和特效

本章概述

本章主要介绍贴纸和特效，以及美颜美体的相关内容。在制作视频时通过贴纸和特效可以增强画面趣味性，更能吸引浏览者的目光。通过本章内容的学习为以后制作视频打下坚实的基础。

核心知识点

① 熟悉添加贴纸的方法
② 熟悉自定义贴纸的方法
③ 掌握特效的添加方法
④ 掌握特效的基本操作

7.1 添加贴纸

浏览短视频时经常看到视频中添加静态或动态的贴纸，不仅可以起到遮挡作用，还能让视频的画面更加炫酷。贴纸的效果就像是在视频中突然出现一个小插曲、小惊喜一样。

剪映提供很多种类型的贴纸，包括emoji、热门、闪闪、搞笑综艺、爱心、旅行、美食、Vlog、炸开、清新手写字、手帐、综艺字、游戏、线条画、婚礼、萌娃、箭头、界面元素、动感线条和萌宠等。

在剪映中添加了视频或图像素材后，在未选中任何素材状态下，点击底部工具栏中"贴纸"按钮，如下左图所示。在打开贴纸选项栏中可以看到不同种类的贴纸，如下右图所示。

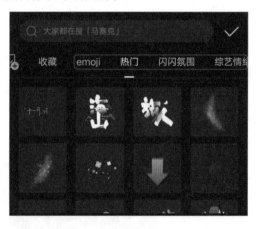

笔者将剪映中的贴纸分为3种类型，分别是自定义贴纸、普通贴纸和特效贴纸。下面详细介绍3种类型的贴纸。

7.1.1 自定义贴纸

在剪映中贴纸和"画中画"功能类似，只是贴纸都是没有背景的，也就是png格式的图片。剪映中提供多种多样的贴纸，如果都满足不了用户的需求，还可以自定义贴纸。用户需要准备好制作贴纸所需的图片并保存在手机相册中，接下来介绍自定义贴纸的方法。

打开剪映并导入素材，在未选择素材的状态下，点击底部工具栏中"贴纸"按钮，如下页左上图所示。在打开的贴纸选项栏中点击最左侧 按钮，如下页右上图所示。

　　打开手机相册选择需要添加的贴纸，即可将贴纸导入画面中，位于导入素材的上方。在轨道区域贴纸素材单独占用一个轨道，选中贴纸调整其大小和位置，效果如下左图所示。

　　剪映是可以在同一时间添加多张贴纸的，当项目中包含贴纸后，在"贴纸"的子工具栏中点击"添加贴纸"按钮，在打开的贴纸选项中再次添加贴纸即可，如下右图所示。

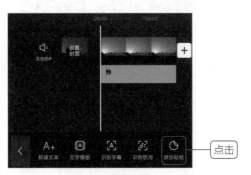

　　如果在剪映中通过自定义贴纸的方法添加动态的贴纸，可以将视频转换为gif格式的动态图片。但是gif格式的动态图片包含的背景很难和背景图片融合，而且gif格式的图片以贴纸方式添加后也无法再设置滤镜或者抠除背景，所以还是慎用。

　　在剪映中添加背景素材后，自定义添加gif格式的动态图片，该图片的内容是恐龙走路的视频，动态图片的背景是黑色，效果如下页左上图所示。将动态图片缩小，使背景和背景素材巧妙地融合，也可以作为动态贴纸使用，效果如下页右上图所示。

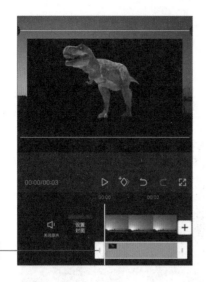

添加贴纸

在剪映中，还有其他方法让静态的贴纸动起来，例如为贴纸添加动画或者添加关键帧。这两种方法只能制作出简单的动画效果，很难制作出人或动物行走之类的动画。

实战练习 制作风吹梅花的效果

本实战主要通过自定义添加梅花贴纸，然后为不同时间点添加关键帧制作风吹梅花的效果。下面介绍具体操作方法。

步骤 01 打开剪映，在开始界面点击"开始创作"按钮，在"素材库"的"热门"选项卡中选择白场，点击"添加"按钮，如下左图所示。

步骤 02 在不选中任何素材的状态下，点击工具栏中"贴纸"按钮，在贴纸选项中点击 按钮，如下右图所示。

❶选择

❷点击

点击

步骤 03 在打开的手机相册中选择梅花贴纸，导入画面后调整大小，保持贴纸为选中状态，点击工具栏中"镜像"按钮，如下左图所示。

步骤 04 贴纸水平翻转后，将其移到画面的左上角，只显示部分梅花。在画面的右侧添加竖向文本并设置文本的样式，最后设置3个素材的时长为6秒左右，如下右图所示。

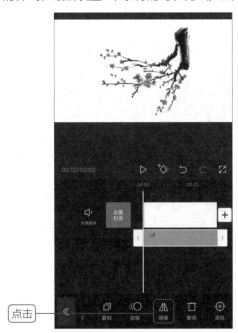
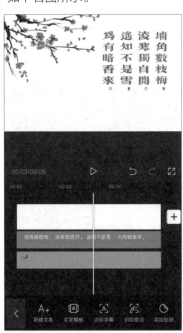

步骤 05 将时间线定位在开始处，选择贴纸素材，点击播放键右侧的按钮，添加关键帧，此时不需要调整贴纸，如下左图所示。

步骤 06 将时间线定位在3秒左右，点击添加关键帧按钮，然后按顺时针方向适当旋转贴纸素材，也可以调整大小，如下右图所示。

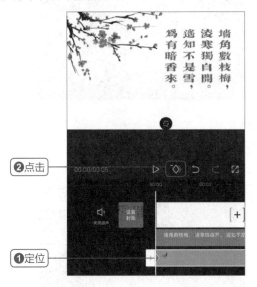
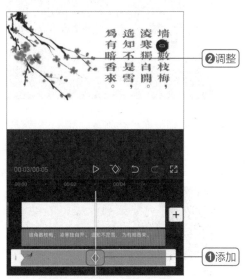

步骤 07 将时间线定位在6秒左右，添加关键帧，调整贴纸的大小并逆时针旋转，如下页左上图所示。

步骤 08 选择文本素材，点击工具栏中"动画"按钮，在"入场动画"中选择"打字机I"动画，设置为最大时长，如下页右上图所示。

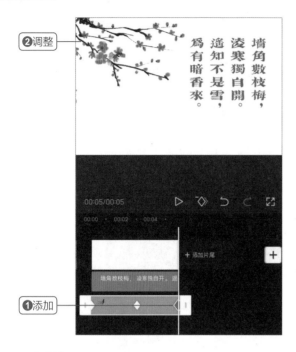

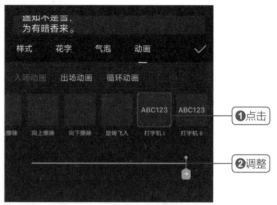

步骤 09 选择文本素材，点击工具栏中"文本朗读"按钮，接着点击"知识讲解"按钮，为文本添加音频，如下左图所示。

步骤 10 返回一级工具栏，选择音频素材，点击工具栏中"变速"按钮，在打开的面板中调整滑动块到0.9x左右，此时音频和文本动画基本上是同步的，如下右图所示。

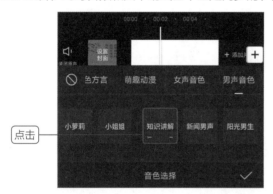

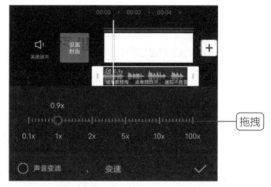

步骤 11 不选择任何素材状态下，点击"音频"按钮，在子工具栏中点击"音乐"按钮，搜索背景音乐"古筝"，点击右侧"使用"按钮，如下左图所示。

步骤 12 分割添加的音乐素材并删除多余的部分。降低音量并设置淡化，如下右图所示。

7.1.2 普通贴纸

普通贴纸是指剪映的emoji选项中的贴纸，该类型的贴纸没有动画效果，只是一些表情、头像、手势和物品等。

点击工具栏中"贴纸"按钮，在子工具栏中切换至emoji选项，如下左图所示。在打开的面板中选择合适的贴纸类型，调整在画面中的大小和位置，效果如下右图所示。

> **提示：添加的贴纸跟随移动**
>
> 如果需要添加的贴纸跟随物体的移动而移动时，选中添加的贴纸，点击工具栏中"跟踪"按钮，调整跟踪的目标即可。

7.1.3 特效贴纸

特效贴纸是指剪映自带动画效果的贴纸素材。为了增加视频展示的效果，剪映提供的贴纸素材大部分都是有动画效果的，其内容大多是关于气氛、情绪、文字、节气和美食等的。下左图为关于"旅行"的贴纸，下右图为关于"线条画"的贴纸。

实战练习 **使用特效贴纸增强画面效果** ●

剪映提供各种各样的特效贴纸，将这些贴纸合理地应用到视频中，可以增加画面的展示效果，例如在搞笑视频中可以增加趣味性。下面将介绍具体操作方法。

步骤 01 打开剪映，点击"开始创作"按钮，在"素材库"的"搞笑片段"中选择合适的视频素材，点击"添加"按钮，如下左图所示。

步骤 02 预览视频，将时间线定位在土拨鼠刚要张嘴大喊的时候，点击工具栏中"贴纸"按钮，如下右图所示。

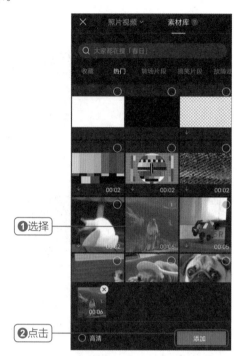

步骤 03 在打开的面板中切换至"综艺字"选项中，选择合适的动画文字贴纸。因为视频中土拨鼠大喊"啊"，所以此处选择"啊"贴纸，该贴纸的动画效果是由小变大并不停地抖动，如下左图所示。

步骤 04 在画面中缩小贴纸并适当逆时针旋转，然后将贴纸移到土拨鼠嘴巴的右上角。接着，将时间线定位在土拨鼠喊完的时间点，选中贴纸素材，点击"分割"按钮，如下右图所示。

步骤05 分割后，选择右侧贴纸素材，点击工具栏中"删除"按钮。将时间线定位在添加贴纸的起始处，点击工具栏中"添加贴纸"按钮，如下左图所示。

步骤06 在"搞笑综艺"选项中选择合适的贴纸，如下右图所示。

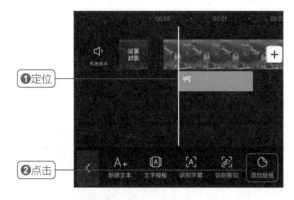
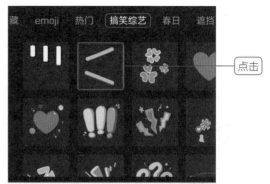

步骤07 调整添加的贴纸大小和位置，将时间线定位在上一贴纸结尾处，选择刚添加的贴纸素材，点击"分割"按钮，选择右侧贴纸素材，点击"删除"按钮，如下左图所示。

步骤08 选择"啊"贴纸素材，点击工具栏中"动画"按钮，分别应用"渐显"入场动画和"渐隐"出场动画，如下右图所示。

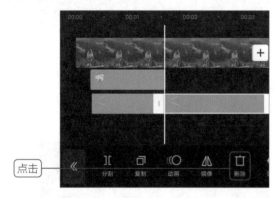
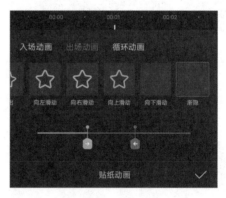

步骤09 接着将时间线定位在土拨鼠将要转头的时间点，为其添加"人脸装饰"中的贴纸，使土拨鼠更加可爱，效果如下左图所示。

步骤10 至此，本案例制作完成。效果为当土拨鼠大喊"啊"时，在它嘴右上角显示两个贴纸，当土拨鼠转头时在嘴巴处显示可爱贴纸。下右图为土拨鼠大喊"啊"的效果。

7.2 添加特效

特效也就是特技的效果。剪映中提供了丰富而炫酷的视频特效，能帮助用户轻松实现开幕、闭幕、模糊、炫光和下雨等视频效果。剪映为广大视频爱好者提供两大类特效，分别为画面特效和人物特效。

7.2.1 添加特效的方法

打开剪映，导入素材后，在不选择任何素材状态下，点击工具栏中"特效"按钮，如下左图所示。在打开的面板中包括"画面特效"和"人物特效"两个按钮，如下右图所示。

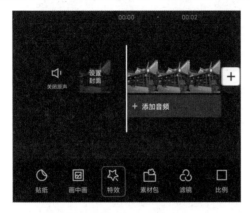 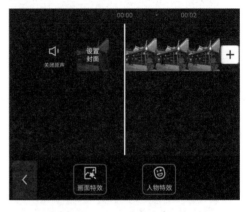

如果需要为视频画面添加特效，点击"画面特效"按钮，其中包括热门、基础、氛围、动感、Bling、复古、爱心、综艺、边框、自然、分屏、光影、纹理和漫画等特效，如下左图所示。

如果需要为画面中的人物添加特效，点击"人物特效"按钮，其中包括情绪、头饰、身体、装饰、环绕、手部和形象等特效，如下右图所示。

 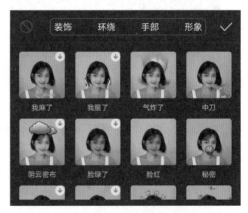

7.2.2 画面特效

画面特效主要是调整画面的效果，可以烘托出不同的氛围。画面特效的种类比较多，而且每个种类中包含多个特效，能够满足视频爱好者的需求。用户并不需要掌握每个特效的应用，只要在使用时多尝试应用不同的特效，选择合适的特效即可。

此处不再逐个介绍各种特效的类型，用户可以通过缩略图预览特效的效果。下页左上图为"基础"特效的相关内容，下页右上图为"爱心"特效的相关内容。

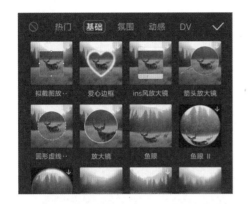 

实战练习 **仙女秒变动漫** ────────────────────────────●

　　本实战将同一素材进行分割，并设置为漫画效果，然后添加"仙女变身Ⅱ"特效，结合视频内容制作出仙女秒变动漫的效果。下面介绍具体操作方法。

　　步骤 01 打开剪映，点击"开始创作"按钮，在手机相册中选中素材，点击"添加"按钮，即可将选中素材导入，如下左图所示。

　　步骤 02 将素材时长调整为5秒左右，将时间线定位在3秒左右，点击工具栏中"分割"按钮，如下右图所示。

　　步骤 03 对素材进行分割后，选中右侧的素材，点击工具栏中"抖音玩法"按钮，如下页左上图所示。

　　步骤 04 在打开的"抖音玩法"面板中点击"日漫"按钮，此时，画面变为日漫的效果，如下页右上图所示。在"抖音玩法"面板中包含很多有趣的效果，例如变天使、变恶魔、3D运镜、婚纱照、复古、美漫、油画玩法和魔法变身等，用户可以尝试其他变身效果。

步骤 05 点击两素材中间的图标，打开"转场"面板，在"幻灯片"选项中点击"回忆II"按钮，设置"转场时长"为最长，如下左图所示。

步骤 06 将时间线定位在开始处，点击工具栏中"特效"按钮，在子工具栏中点击"画面特效"按钮，在"基础"选项中点击"变清晰"按钮，如下右图所示。

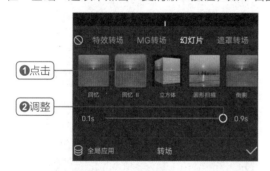
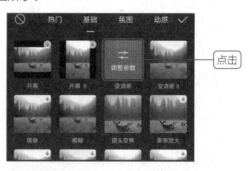

步骤 07 在轨道中添加"变清晰"的特效，将时间线定位在转场前的时间点，点击工具栏中"画面特效"按钮，如下左图所示。

步骤 08 在"氛围"选项中点击"星火炸开"按钮，应用该特效，如下右图所示。

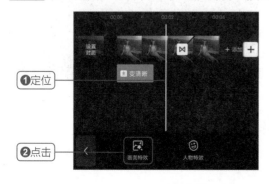

步骤 09 调整添加"仙女变身"特效的时长到视频的结尾,用户还可添加背景音乐烘托气氛。至此,本案例制作完成,下面展示仙女变身的效果,如下图所示。

7.2.3 人物特效

人物特效功能可以自动识别画面中的人物并应用选择特效。要想使用人物特效更明显和精确,可以选择人物和背景差别比较大的素材。

在剪映中导入素材后,点击工具栏中"特效"按钮,在子工具栏中点击"人物特效"按钮,即可在打开的面板中显示所有人物特效的类型,每种类型又包含若干个特效。下左图为"头饰"的特效,下右图为"环绕"的特效。

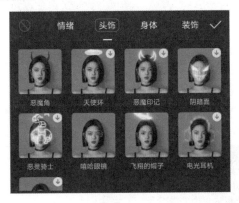

如果选择的素材人物和背景差别不是很明显的,此时应用的人物特效会出现偏差,特别是应用"身体"选项中的特效。例如应用"故障描边I"特效,沿着人物身体周边显示线条,此时就会出现偏差,如下图所示。

7.3 特效的基本操作

在剪映轨道中，视频添加的特效作为独立的素材，也和其他素材一样，可以进行分割、删除、移动和调整时长等操作。以上基本操作将不再赘述，本节主要介绍调整参数、替换特效和调整特效。

7.3.1 调整参数

在剪映中无论应用画面特效还是人物特效，用户都可以进一步调整特效的参数，下面介绍两种调整参数的方法。

第一种方法是在点击对应的特效按钮后，按钮上方显示"调整参数"文本，如下左图所示。

第二种方法是添加特效后，在轨道区域选中特效素材，点击工具栏中"调整参数"按钮，如下右图所示。

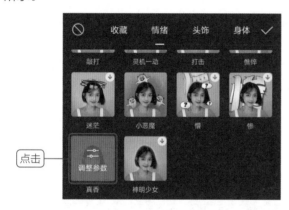
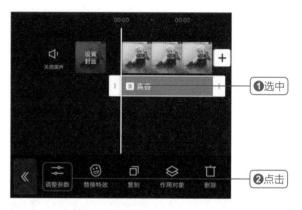

执行上述操作后，会打开对应的特效参数面板，应用不同的特效，参数面板中的参数也不同。此时应用人物特效"情绪"中的"真香"特效，参数面板如下。

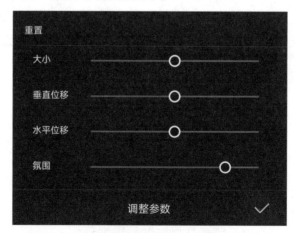

在参数面板中各参数的含义如下：

- **大小**：拖拽大小滑动块可以调整特效画面的大小。
- **垂直位移**：拖拽滑动块可以调整特效画面在垂直方向上的移动。
- **水平位移**：拖拽滑动块可以调整特效画面在水平方向上的移动。
- **氛围**：调整特效画面中氛围的明暗程度，向左拖拽滑动块氛围变淡，向右拖拽滑动块氛围变深。

7.3.2 替换特效

在剪映中，添加特效后，如果不满意可以将其删除，再重新添加特效，用户也可以通过"替换特效"功能直接替换应用的特效。

为画面中的人物添加"情绪"选项中的"真香"特效，在轨道中选择特效素材，点击工具栏中"替换特效"按钮，如下左图所示。再次打开特效面板，接着在不同的类型中点击合适的特效按钮，例如"气炸了"特效，此时即可将原特效替换为选中的特效，如下右图所示。

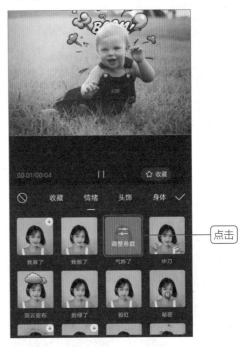

7.3.3 调整特效作用对象

特效作用对象是指添加的特效针对哪个对象起作用，在剪映中默认是对主视频起作用。例如在视频中主视频是一条宠物狗站在绿草地上，画中画的轨道素材是小女孩坐在地上手里拿着花和绿叶，如下左图所示。当在视频中添加"画面特效"的"基础"选项中的"变秋天"特效，该特效会将视频中所有绿色变为黄色。应用该特效后，可以将主视频中绿色变为黄色，而小女孩手中的花草没有变成黄色，如下右图所示。

在剪映中选择特效素材，点击底部工具栏中"作用对象"按钮，如下左图所示。打开"作用对象"面板，可见默认选择"主视频"，所以应用的"变秋天"特效只会作用在主视频中，而不会作用在画中画的素材里，如下右图所示。

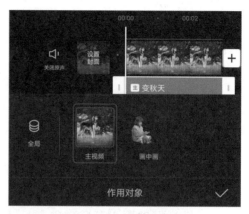

如果在"作用对象"面板中点击"画中画"，则在预览区域可以查看特效的效果，可见"变秋天"特效只应用在画中画的素材中。小女孩手中的花和草变成黄色，而主视频没有发生变化，如下左图所示。如果点击"全局"按钮，在预览区域可见主视频和画中画的素材中所有绿色均变成黄色，成为秋天的景象，如下右图所示。

知识延伸：美颜美体的应用

使用Photoshop处理人物照片时，相信用户都需要对人物进行美颜以及美体，例如对人物磨皮瘦脸、瘦身等。使用剪映的"美颜美体"功能可以一键调整人物照片，即使用户不懂Photoshop也可以快速美化人物。

（1）对人物进行美颜

剪映可以对人物面部进行美颜，例如磨皮、瘦脸、大眼、瘦鼻、美白和白牙等操作。下面先比较一下美颜前后的效果，下左图为原始图像，下右图为美颜之后的图像。很明显，右图是对左图进行了磨皮、美白、瘦脸和大眼等操作之后的效果。

在剪映中选中添加的人物素材照片，点击工具栏中"美颜美体"按钮，如下左图所示。在子工具栏中点击"智能美颜"按钮，如下右图所示。

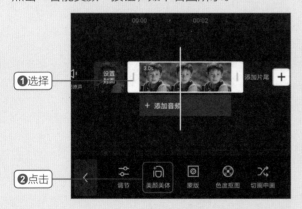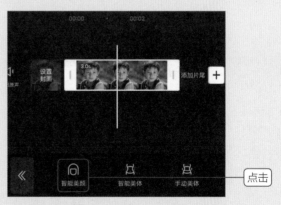

打开"智能美颜"面板，其中包括美颜的各种按钮，点击相应效果的按钮后，可以通过拖拽滑动块调整。例如点击"磨皮"按钮，将滑动块向右拖拽，调整参数为100，如下页左上图所示。操作完成后，人物脸部的斑点逐渐变少。

点击"美白"按钮，将滑动块向右拖拽，调整参数为100，在调整过程中可见人物脸部逐渐变白，如下页右上图所示。

其他参数的调整方法都与之类似，只需要点击相应的按钮再拖拽滑动块即可，用户可以根据不同人物素材进行调整。

（2）对人物进行美体

在剪映中对人物身体的调整有两种方法，分别为智能美体和手动美体。智能美体和智能美颜类似，点击相应按钮，拖拽滑动块调整参数即可。手动美体可以手动调整拉长、瘦身瘦腿和放大缩小。下左图为原始图片，下右图为美体之后的效果。下右图分别设置了瘦身、长腿、瘦腰和小头的效果。

在轨道区域选中素材，点击工具栏中"美颜美体"按钮，在子工具栏中点击"智能美体"按钮，如下页左上图所示。在"智能美体"面板中点击"瘦身"按钮，将滑动块向右拖拽调整参数为100，可见人物整体变瘦，如下页右上图所示。

点击

①点击
②拖拽

其他参数调整方法相同，用户可以根据人物的身体不同，调整不同的参数。

手动美体操作和智能美体操作的区别在于首先要调整区域，然后拖拽滑动块进行调整。例如点击"拉长"按钮，在画面中显示两条黄色直线，通过拖拽黄色线条上的双向箭头调整区域，调整完成后再向右拖拽滑动块可以拉长选中区域，如下左图所示。点击"瘦身瘦腿"按钮，调整3条黄色线条的宽度和高度来选择区域，然后拖拽滑动块进行瘦身瘦腿操作，如下右图所示。

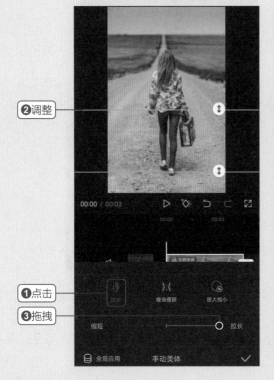

②调整
②调整

①点击
③拖拽

①点击
③拖拽

上机实训：制作超级月亮升起的效果

下面制作超级月亮升起的短视频，在升起的过程中月亮逐渐变得清晰，而且逐渐变大并伴随着旋转。本案例将使用到贴纸、自定义贴纸、特效等相关知识。下面介绍具体的制作方法。

步骤 01 打开剪映，点击"开始创作"按钮，在手机相册中选择背景图片，点击"添加"

扫码看视频

按钮，添加到项目中，如下左图所示。

步骤 02 为了制作月亮从左侧房屋的后面升起的效果，事先将背景图片左侧的房屋部分抠取出来，并保存为png格式，此处笔者在附赠素材中提供了相应的png图片。在轨道区域保持不选中任何素材，将时间线定位在开始处，点击工具栏中"贴纸"按钮，如下右图所示。

步骤 03 打开贴纸面板，此时需要自定义贴纸，点击左侧自定义贴纸的图标，如下左图所示。

步骤 04 打开手机相册，选择之前准备好的png图片，即可作为贴纸导入画面中，如下右图所示。

步骤 05 调整添加贴纸的大小和位置，使其覆盖住背景图片的左侧并重合。然后再点击"添加贴纸"按钮，如下页左上图所示。

步骤 06 在打开的面板中，切换到"梦幻"选项，向上滚动选择最下方的月亮贴纸，即可在画面中添加月亮，如下页右上图所示。

点击

点击

步骤07 将月亮贴纸移到画面的左侧房屋的后面，在轨道区域调整各素材的时长为8秒。选择月亮贴纸，点击工具栏中"动画"按钮，如下左图所示。

步骤08 打开"贴纸动画"面板，在"入场动画"区域选择"向右滑动"动画效果，设置动画时长为最长，即8秒，如下右图所示。

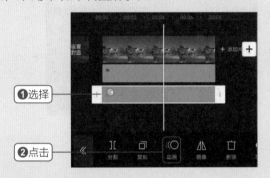

❶选择

❷点击

❶点击

❷调整

步骤09 接下来设置月亮从画面左侧移到中间偏右位置，并逐渐旋转变大。选择月亮贴纸，将时间线定位在开始处，点击"添加关键帧"按钮，在时间线处添加关键帧，如下左图所示。

步骤10 将时间线定位在素材的结尾处，保持月亮贴纸为选中状态，再次点击"添加关键帧"按钮，如下右图所示。

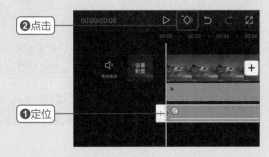

❷点击

❶定位

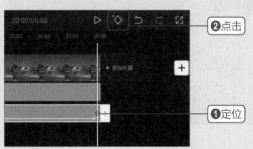

❷点击

❶定位

步骤11 时间线定位在第2帧处，选择月亮贴纸，将其放大到画面中间偏上的位置，然后顺时针旋转90度左右，如下左图所示。

步骤12 将时间线定位在最开始处，点击工具栏中"特效"按钮，在子工具栏中点击"画面特效"按钮，如下右图所示。

步骤13 在打开的特效面板中切换至Bling选项，点击"星夜"按钮，在画面中预览应用星夜的效果，如下左图所示。

步骤14 再次点击该按钮，打开参数面板，设置"速度"为10左右，"不透明度"为50左右，可以让星星缓慢移动，并且若隐若现，体现出月明星稀的效果，如下右图所示。

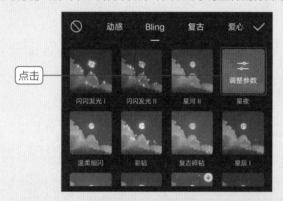
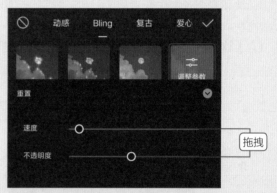

步骤15 将轨道中添加的特效素材拖拽至和主视频时长相等。至此本案例制作完成。下左图为月亮刚升起时的效果，下右图为月亮挂在画面中间的效果。

课后练习

一、选择题

（1）在剪映中添加贴纸，不属于贴纸的类型的是（　　　）。

A. 爱心   B. QQ头像

C. 线条画   D. 清新手写字

（2）在剪映中添加特效，可以添加画面特效和（　　　）。

A. 人物特效   B. 氛围特效

C. 美颜特效   D. 美体特效

（3）在项目中应用特效后，可以使用（　　　　）功能将最近添加的特效应用到画面中，同时原特效将不存在。

A. 覆盖特效   B. 调整特效

C. 替换特效   D. 移动特效

二、填空题

（1）在剪映中有两种特效方式，分别是_____和_____。

（2）应用特效后，用户还可以进一步调整相关参数，应用的特效不同，其参数也不同。选择特效素材后，在工具栏中点击_____按钮，即可打开参数面板。

（3）_____功能可以指定添加特效的应用对象。

三、上机题

    本章学习了贴纸和特效的相关知识，下面使用特效制作将老照片变为清晰的美照。导入素材并复制，将画面特效的"纹理"选项中"老照片"特效应用到第一个素材中，如下左图所示。接着添加"镜面"蒙版，适当旋转放在画面左上角，通过添加关键帧设置3秒内显示旧照片的效果。将时间线定位在2.5秒左右，添加"氛围"选项中的"夜蝶"特效，如下中图所示。最后为第二个素材添加"向右甩入"的入场动画，并调整时长，如下右图所示。最后调整"夜蝶"的位置，使精灵抛出闪粉时正好位于两素材之间。

图 第8章 封面设计和导出视频

本章概述

本章主要介绍剪映中封面设计和视频导出的相关内容。一个好的封面能吸引更多的浏览者,从而提高点击率。制作完成后,将视频导出,发布到各个平台进行分享,也能受到更多关注。

核心知识点

❶ 熟悉封面设计的方法
❷ 熟悉使用封面模板的方法
❸ 掌握视频参数的设置
❹ 掌握视频导出的方法

8.1 封面的设计

封面是给别人的第一印象,一个好的封面更能吸引浏览者观看视频的内容,增加视频的点击率。当用户完成视频的剪辑后,需要设计视频的封面,最后导出并发布视频。

剪映默认的封面是视频的第一帧画面,大部分情况体现不了视频的内容,所以需要重新添加封面。在剪映中可以通过3种方法为视频添加封面,分别为视频帧、相册导入和封面模板。本节将详细介绍这3种方法。

8.1.1 视频帧添加封面

通过"视频帧"添加封面是在剪辑的视频中选择一帧画面作为封面。这种封面可以直观地体现视频的内容,并且还可以添加相关文本内容做进一步说明。

剪辑完成后,在主轨道的左侧为"设置封面"按钮,显示视频第一帧的画面。本视频的第一帧画面为纯黑色的,浏览者无法判断视频的内容。点击"设置封面"按钮,如下左图所示。默认在"视频帧"选项中,通过左右滑动预览区域显示画面的效果,满意后,点击右上角"保存"按钮即可,如下右图所示。

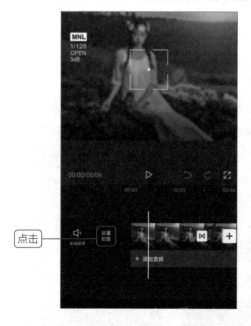
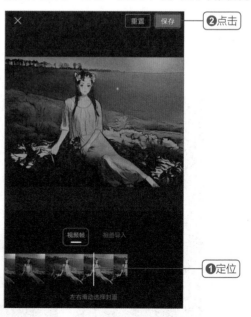

操作完成后,返回到上一界面,可见"设置封面"按钮下的图案为刚才选择的视频中的画面,如下页图片所示。

如果需要在封面中添加文字，在设置封面的界面中选择好封面后，点击"添加文字"按钮，如下左图所示。在画面中添加文本框，同时打开键盘，输入相应的文本后，可以在"样式"中设置字体、颜色等，具体操作可以参照第5章相关内容。输入完成后调整其位置和大小，最后点击"保存"按钮即可，如下右图所示。

8.1.2 从相册导入封面

从相册导入封面是指从手机相册中选择图片作为视频的封面。点击主轨道左侧"设置封面"按钮，切换至"相册导入"，如下左图所示。在手机相册中选择合适的图片，进入"拖动选择视频显示区域"界面，默认的区域为原视频等比例大小相同的区域，用户可以调整画面的大小和位置，使需要的部分显示在区域中，点击"确认"按钮，如下右图所示。

返回设置视频封面界面,通过预览区域可查看从相册中导入图片作为封面的效果。同样可以通过"添加文字"按钮添加文本,并设置文本的样式,最后点击"保存"按钮即可。添加文本后的封面效果如下图所示。

提示:重置封面

用户在设置封面时,如果对效果不太满意,此时是无法通过撤销按钮返回操作的,可以点击右上角"重置"按钮,清除封面的设计,重新设置封面。

8.1.3 使用封面模板添加封面

剪映提供了很多封面模板,例如生活、游戏、知识、时尚、影视和美食几大类型,每种类型中又包括很多封面模板。

在添加封面界面中首先通过左右滑动选择合适的封面,接着点击"封面模板"按钮,如下左图所示。打开封面模板界面,切换至"生活"选项,点击需要的模板按钮,在画面中应用所选的封面内容,如下右图所示。

封面模板中的文本不一定适合本视频的内容,应用模板后,在预览区域双击文本框,即可对文本编辑。重新输入文本,则文本会应用模板中的文本样式,如下页图片所示。如果用户对原模板中的文本样式不满意,还可以进一步设置样式,此处不再赘述,请参照第5章相关内容。

实战练习 通过相册和模板设计封面

上述介绍的3种设计封面的方法，可以单独使用其中一种，也可以结合两种方法设置封面。本实战练习结合相册导入和封面模板两种方法设计封面，下面介绍具体操作方法。

步骤 01 打开剪映，点击"开始创作"按钮，导入素材并剪辑视频，然后点击主轨道左侧"设置封面"按钮，如下左图所示。

步骤 02 点击"相册导入"，打开手机相册，选择合适的图片，进入"拖动选择图片显示区域"界面，调整图片大小和位置后，点击"确认"按钮，如下右图所示。

步骤 03 在区域中的图像会作为封面显示在预览区域，点击左下角"封面模板"按钮，如下页左上图所示。

步骤 04 打开封面模板界面，切换至"生活"选项，点击合适的封面模板按钮，在预览区域查看效果，满意后点击对号按钮，如下页右上图所示。

步骤 05 选择预览区域中间的白色文本，并点击右上角笔的图标，进入编辑文本状态，然后输入"Super Moon"，如下左图所示。

步骤 06 封面中月亮影响到文本的显示，还需要调整文本的位置。在预览区域按住该文本框垂直向上移动到合适的位置，如下右图所示。

步骤 07 根据相同的方法将"冰岛旅行"修改为"超级月亮"文本，并适当调整位置。最后将左侧竖着的文本移到右侧，如下图所示。至此封面制作完成，点击"保存"按钮即可。

8.2　视频的导出

视频剪辑完成，而且封面设计也完成了，此时需要将视频导出或者发布到不同的平台上供其他人浏览。本节将介绍视频导出的方法。

8.2.1　参数的设置

在导出视频之前还需要设置相关参数，例如分辨率和帧率。点击右上方1080P右侧的倒三角按钮，如下左图所示。在打开的面板中可以调整分辨率和帧率的值，如下右图所示。设置相关参数后，在面板的下方显示视频文件的大小，当参数设置越高时，文件越大。

 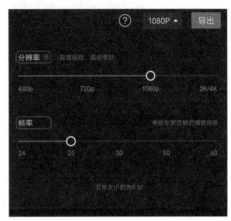

下面介绍打开面板中两个参数的含义：

- **分辨率：**用于度量图像内数据量多少的一个参数。分辨率越高视频越清晰，视频存储空间就越大，反之视频越模糊，存储空间就越小。
- **帧率：**用于测量显示帧数的量度。帧率越高视频播放时越流畅，视频存储空间就越大，反之视频播放不流畅，存储空间就越小。

8.2.2　导出视频的方法

视频参数设置完成后，点击右上角"导出"按钮，如下左图所示。系统会自动将视频导出到相册中，同时显示导出的进度，如下右图所示。

 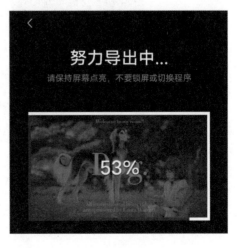

稍等片刻导出完成，在上方显示"保存到相册和草稿"，在中间显示"抖音"和"西瓜视频"两选项。如果需要将剪辑的视频分享到这两个平台中，直接点击对应按钮即可。例如，点击"抖音"按钮，如下左图所示，会打开抖音App，还可以进行二次剪辑，同时在画面中会循环播放视频内容。点击"下一步"按钮，如下右图所示，进入抖音"发布"界面，设置相关内容后点击"发布"按钮即可。

 ## 知识延伸：剪映的有趣玩法

在浏览视频时，会看到很多有意思的视频，例如照片动起来了、秒变宝宝照、魔法变身为动漫等。这些都可以在剪映中轻松完成，而且剪映还提供更多有趣的玩法，例如立体相册、3D运镜和3D照片等。所有的功能只需要掌握一个窍门就可以快速应用，下面以"活照片"为例介绍具体操作方法。

打开剪映，导入照片素材，选中素材点击工具栏中"抖音玩法"按钮，如下左图所示。在打开的面板中点击"活照片"按钮，系统会自动生成活照片，如下右图所示。

稍等片刻即完成活照片的应用，播放视频预览效果，可见在开始的时候，人物是闭上眼睛的，而且头微微向下，如下左图所示。接着，人物逐渐睁开眼睛，并且抬头，如下右图所示。生成的视频画面比较连贯，像是拍摄的一段视频。

　　剪映"抖音玩法"中的功能比较多，而且操作比较方便，点击相应的按钮即可，不需要设置相关参数，用户可以自行尝试其他玩法。

　　接下来介绍处理视频抖动的方法。使用手机拍摄视频时会出现抖动现象，影响剪辑视频的效果，此时可以使用剪映中"防抖"功能。

　　在剪映中导入视频素材并选中，点击底部工具栏中"防抖"按钮，如下左图所示。在打开的"防抖"面板中拖拽滑动块至"推荐"处，点击对号按钮即可，如下右图所示。当拖拽滑块越向右时，对视频的裁剪就越多。

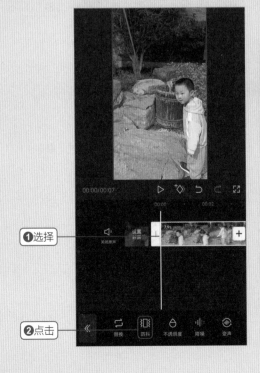 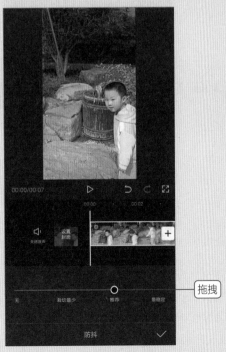

上机实训：制作视频并设计封面和导出视频

本章主要学习为视频设计封面并导出视频。首先制作调整后画面从上而下逐渐显示的视频，然后再添加封面，最后导出视频。下面介绍具体操作方法。

扫码看视频

步骤 01 打开剪映，点击"开始创作"按钮，在手机相册中选择背景图片，点击"添加"按钮，添加到项目中，如下左图所示。

步骤 02 选中添加的素材，点击工具栏中"复制"按钮。再选中第一个素材，点击工具栏中"滤镜调节"按钮，如下右图所示。此处一定要选中素材再点击"滤镜调节"，这样设置的滤镜效果只会应用在选中的素材上。

添加素材

❶选择

❷点击

步骤 03 打开"滤镜"面板，切换至"风景"选项，点击"古都"按钮，可见图片中的颜色更深，色彩更鲜艳，如下左图所示。

步骤 04 保持该素材为选中状态，点击"调节"按钮，进一步调整图片，如下右图所示。

点击

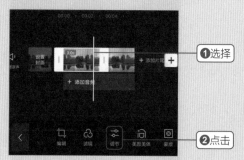

❶选择

❷点击

步骤 05 在打开的"调节"面板中，点击"对比度"按钮，接着向右拖拽滑动块到20左右，画面颜色的对比度增强，如下页左上图所示。

步骤 06 根据相同的方法调整其他参数。选择第二个素材，点击"切画中画"按钮，并将其移到和主视频左侧对齐，此时画面中显示原图片的效果，如下页右上图所示。

❶点击
❷调整

切画中画

步骤 07 选择画中画的素材，点击工具栏中"蒙版"按钮，在打开的面板中点击"线性"按钮，如下左图所示。

步骤 08 将黄线旋转180度，并移到画面的最上方，然后将时间线定位在开始处，并添加关键帧，此时画面显示画中画的原始图片，如下右图所示。

点击

添加关键帧

步骤 09 选中画中画素材，将时间线定位在结尾处，添加关键帧。点击工具栏中"蒙版"按钮，将黄色横线移到画面的最下方，如下页左上图所示。

步骤 10 通过慢慢拖动轨道可见画面从上到下逐渐显示调整后的图片效果。在一级工具栏中点击"音频"按钮，在子工具栏中点击"音乐"按钮，如下页右上图所示。

步骤 11 在"添加音乐"界面，点击适合的音乐右侧的"使用"按钮，对添加的音乐进行分割、删除，然后设置淡化效果，如下左图所示。

步骤 12 视频剪辑操作已经完成，此时需要为视频设计封面并导出。点击主轨道左侧"设置封面"按钮，如下右图所示。

步骤 13 在"视频帧"选项中选择结尾画面作为封面，点击"封面模板"按钮，如下页左上图所示。

步骤 14 切换至"生活"选项，点击适合的封面模板，即可在画面中应用该模板，如下页右上图所示。

❶选择

❷点击

点击

步骤15 在画面中修改文本以及文本的样式，并适当移动文本调整到合适的位置，然后点击右上角"保存"按钮，如下左图所示。

步骤16 保持剪映默认设置的视频分辨率和帧率，点击右上角"导出"按钮，即可完成视频的导出操作，如下右图所示。

点击

点击

课后练习

一、选择题

（1）剪映默认的视频封面是视频的第（　　）帧画面。

　　A. 1　　　　　　　　　　　　　　　　B. 最后1

　　C. 2　　　　　　　　　　　　　　　　D. 随机

（2）如果对设置的封面不满意，可以点击（　　）按钮，重新设置封面。

　　A. 撤销　　　　　　　　　　　　　　　B. 关闭

　　C. 重置　　　　　　　　　　　　　　　D. 替换

（3）设置导出视频相关参数时，（　　）参数设置得越高，视频就越清晰，但是视频的存储空间就会越大。

　　A. 帧率　　　　　　　　　　　　　　　B. 分辨率

　　C. 码率　　　　　　　　　　　　　　　D. 以上全是

二、填空题

（1）在剪映中设置视频封面时，有3种方法，分别是＿＿＿＿＿＿＿＿、相册导入和＿＿＿＿＿＿＿＿。

（2）设置视频导出参数时，＿＿＿＿＿＿＿＿是用于测量显示帧数的量度。

三、上机题

　　本章学习了设计视频封面，以及导出视频的相关知识，下面将尝试制作冷暖色调对比的画面，最后为视频添加封面并导出。根据上机实训的相关知识，制作出从左向右色调逐渐变冷的画面。点击"设置封面"按钮，通过滑动调整画面色调，左边显示冷色调，右边显示暖色调，并以此作为封面，如下左图所示。点击"封面模板"按钮，在"生活"选项中选择文本居中的任一模板，如下中图所示。接着修改模板中的文本并保存，最后点击"导出"按钮，将视频导出，如下右图所示。

第二部分
综合案例篇

综合案例篇共4章内容，主要采用具体案例的形式，通过剪映在实际运用中的操作为例子对剪映的重点知识进行精讲，使读者更加深刻地掌握剪映的应用技巧，达到运用自如、融会贯通的学习目的。

▌第9章　制作漫画和荧光线描卡点视频　　　▌第11章　我和我的家乡短视频

▌第10章　制作九宫格卡点视频　　　　　　▌第12章　视频特效的剪辑

图 第9章 制作漫画和荧光线描卡点视频

本章概述

本章主要介绍使用剪映中的特效、动画、画中画和踩点等功能制作漫画荧光线描卡点视频。首先对素材进行处理，然后使用漫画和荧光线描的效果，最后添加特效。用户可以举一反三制作不同效果的卡点视频。

核心知识点

❶ 添加并处理素材
❷ 为音频素材添加踩点
❸ 添加特效
❹ 添加合适的动画
❺ 设计封面

9.1 添加和处理素材

用户在使用剪映剪辑视频时，首先要添加相应的素材，例如视频素材、图片素材和音频素材等，添加完成后还需要根据制作的要求对素材进行处理。

9.1.1 添加素材

本视频的制作主要使用手机相册中的图片素材和剪映音乐库中的音频素材。下面介绍添加各种素材的方法。

扫码看视频

步骤 01 打开剪映App，在初始界面点击"开始创作"按钮，打开手机相册，切换至"照片"选项，依次选择需要导入的图片素材，点击"添加"按钮，如下左图所示。

步骤 02 在视频剪辑界面点击底部工具栏中"音频"按钮，在子工具栏中点击"音乐"按钮，如下右图所示。

步骤 03 打开"添加音乐"界面，选择合适的音乐，点击右侧"使用"按钮，即可添加到项目中，所有素材添加完成，如下页上图所示。

9.1.2 素材的处理

音频素材添加完成后，还需要根据音乐的节拍添加踩点，并且根据视频的长度对音频素材进行裁剪。此处，音频素材是从剪映中导入的，可以通过"自动踩点"功能添加踩点。根据添加的踩点对图片素材进行分割，还需要切换为画中画。

步骤01 在视频编辑界面选中音频素材，点击底部工具栏中"变速"按钮，在打开的面板中设置倍速为0.8x，点击对号按钮，如下左图所示。

步骤02 保持音频素材为选中状态，点击工具栏中"踩点"按钮，在打开的面板中激活"自动踩点"功能，点击右侧"踩节拍II"按钮，在音频素材中自动添加踩点，如下右图所示。

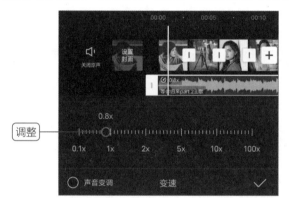
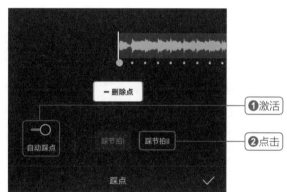

步骤03 将时间线定位在视频结尾处，并选中音频素材，点击工具栏中"分割"按钮，然后选择右侧分割的音频素材，点击工具栏中"删除"按钮，将多余的素材删除，如下左图所示。

步骤04 将时间线定位在音频素材的第二个踩点上，选中第一个图片素材，点击工具栏中"分割"按钮。接着将时间线右移0.5秒左右，再点击"分割"按钮，如下右图所示。

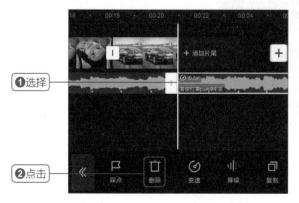
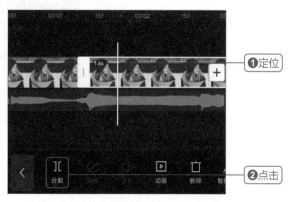

步骤 05 分割完成后，选中右侧素材，点击工具栏中"切画中画"按钮，选中素材作为画中画显示轨道，将其移到第一个素材下方，并调整时长和第一个素材时长相同，如下图所示。

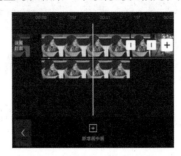

步骤 06 根据相同的方法，对其他素材进行分割，设置画中画并移动位置调整时长，如下图所示。

9.2　添加漫画和荧光线描效果

素材处理完成后，为主视频里相同素材中时长较长的素材添加漫画效果，为对应的画中画添加荧光线描特效，并且设置特效的作用对象。

9.2.1　添加漫画效果

本案例制作的效果是将漫画效果的图片和荧光线描效果的图片结合后显示原图片效果。首先为主视频中对应的素材应用漫画效果，下面介绍具体操作方法。

步骤 01 在视频编辑界面放大时间轨道，选择第一个素材，点击底部工具栏中"抖音玩法"按钮，如下图所示。

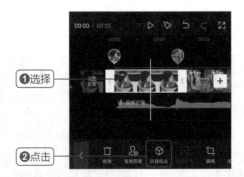

步骤 02 在"抖音玩法"面板中包括几种常用的漫画效果，例如美漫和日漫，用户可以根据喜好选择。如果选择"日漫"，在预览画面中没有显示应用日漫的效果，是因为被画中画素材遮盖了。根据相同的方法为主视频中时长稍长的素材应用日漫效果。

9.2.2 为画中画素材应用荧光线描特效

设置完主视频后，还需要为画中画的素材添加特效。本案例添加荧光线描特效，用户可以根据需要添加其他特效。首先为第一个画中画素材添加特效，然后通过复制特效的方法为其他画中画素材添加相同的特效，下面介绍具体操作方法。

步骤 01 在视频编辑界面将时间线定位在最开始处，点击工具栏中"特效"按钮，在子工具栏中点击"画面特效"按钮，如下左图所示。

步骤 02 在打开的面板中切换至"漫画"选项，其中包括多种漫画效果，此处选择"荧光线描"特效，在画面中没有显示特效的效果，因为特效默认作用在主视频中，如下右图所示。

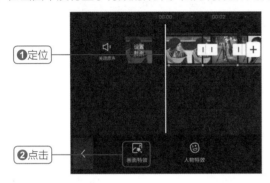
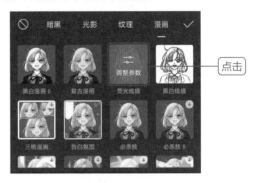

步骤 03 调整应用特效的素材时长和第一个素材时长相同，选中特效素材，点击工具栏中"作用对象"按钮，如下左图所示。

步骤 04 打开"作用对象"面板，可见选中"主视频"，点击"画中画"按钮，预览画面可见画中画素材应用荧光线描特效，如下右图所示。

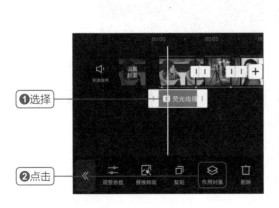
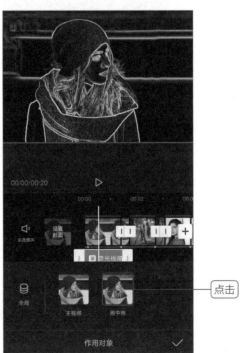

步骤 05 接着选中设置的特效素材，点击工具栏中"复制"按钮，将其移到画中画素材的下方并调整时长，最后设置作用对象为画中画，如下页上图所示。

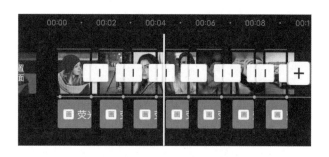

9.3 添加动画使视频更动感

为了让漫画图片和荧光线描图片连动起来并结合在一起，还需要设置动画效果，设置动画时需要注意两个素材的动画运动方向是相反的，例如一个从下而上，另一个从上而下。

9.3.1 设置主视频中素材和对应画中画的动画效果

在为主视频素材和对应画中画的素材添加动画时，动画的方向要相反。可以为每组素材应用不同的动画效果，例如水平运动、垂直运动或斜角运动。

步骤01 在视频编辑界面，点击左侧第一个气泡展开画中画，此时画中画为选中状态。点击工具栏中"动画"按钮，在子工具栏中点击"入场动画"按钮，如下左图所示。

步骤02 在打开的面板中点击"向左滑动"按钮，同时设置"动画时长"为最长，在预览区域可以查看效果，如下右图所示。

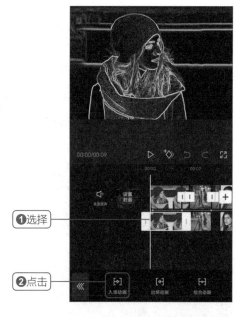
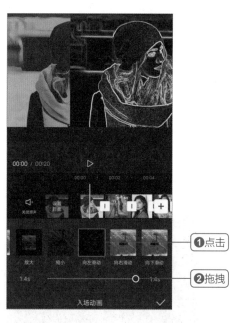

步骤03 选择对应的主轨道素材，点击工具栏中"动画"按钮，在子工具栏中点击"入场动画"按钮，点击"向右滑动"按钮，设置动画时长为最长，如下页左上图所示。

步骤04 在预览动画时，漫画效果的图片从左向右进入画面，荧光线描效果的图片从右向左进入画面，但是当两张图片重合时，画中画的图片会遮盖住主视频的图片。接下来设置画中画图片的混合模式，选择画中画素材，点击工具栏中"混合模式"按钮，如下页右上图所示。

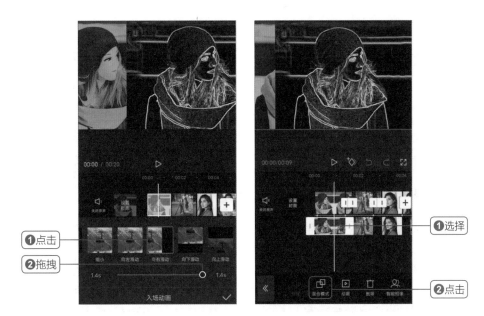

步骤 05　在打开的面板中点击"滤色"按钮，保持"不透明度"为最大，即可通过画中画的图片看到主轨道中的图片，如下左图所示。

步骤 06　根据相同的方法为其他主轨道素材和对应的画中画素材应用动画并设置混合模式，如下右图所示。

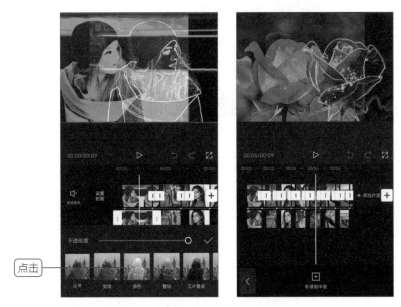

9.3.2　设置原图片素材的动画

到目前为止，只有主轨道上0.5秒左右的素材没有添加动画，该素材的作用是当作漫画素材和荧光线描素材重合变身的效果。下一节还会在变身时添加特效，为了配合特效的动感，为该素材添加向右甩入的动画，下面介绍具体操作方法。

步骤 01　放大时间轨道，选择左侧第一个0.5秒左右的素材，点击工具栏中"动画"按钮，再点击子工具栏中"入场动画"按钮，点击"向右甩入"按钮，如下页左上图所示。

步骤 02　再选择第二个0.5秒左右的素材，并为其应用"向下甩入"动画，如下页右上图所示。

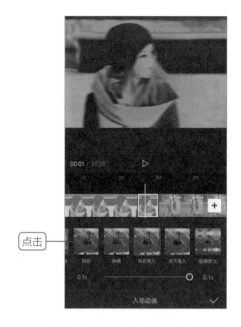 

点击

点击

步骤 03 根据相同的方法，为使用左右动画对应的短素材应用"向右甩入"动画，为上下动画对应的短素材应用"向下甩入"动画，即可完成动画的添加，如下图所示。

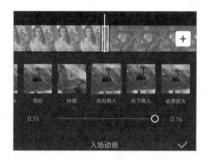

9.4 添加变身特效

为了给变身时增加氛围，还需要在变身时添加特效，此处添加"星光绽放"特效。当星光炸开的一刻从漫画和荧光线描变身为原图片效果，添加特效时一定要调整好位置。下面介绍具体操作方法。

步骤 01 将时间线定位在第一个画中画素材的结尾处，不选中任何素材，点击工具栏中"特效"按钮，如下左图所示。

步骤 02 在打开的面板中点击"画面特效"按钮，切换至"氛围"选项中，点击"星光绽放"按钮，如下右图所示。

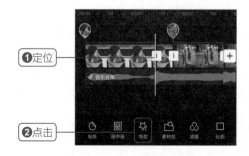 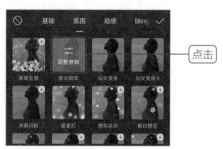

❶定位

❷点击

点击

步骤 03 点击该按钮中"调整参数",因为应用的素材时长比较短,所以将速度调快一点,此处拖拽滑动块调整到50左右,如下左图所示。

步骤 04 在轨道中调整"星光绽放"特效的位置,通过预览区域的画面使漫画和荧光线描图片刚好重叠时星光开始炸开,然后调整特效时长并和短视频右侧对齐,如下右图所示。

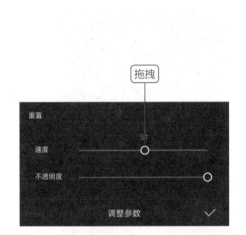

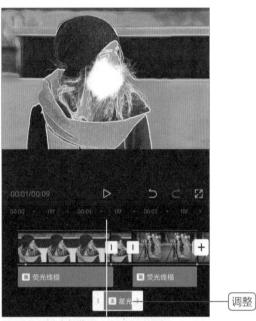

步骤 05 选择添加特效素材,点击工具栏中"复制"按钮,移动复制的特效素材至第二个短素材下方,并调整好位置和时长,根据相同的方法为其他素材添加特效,如下图所示。

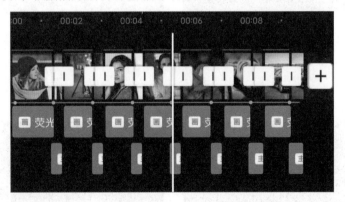

步骤 06 至此,视频制作完成。以下3幅图是第一个素材的动画效果,下左图为漫画图片和荧光线描图片从不同方向向中心移动,下中图是两张图片重叠时星光开始炸开,下右图是变身为原图片并显示星光炸开的效果。

9.5 添加封面并导出视频

因为本案例的素材是从画面外向中心移动的，第一帧画面是黑色的，所以默认的视频封面也是黑色。本案例使用默认的黑色封面再添加案例名称制作简易的封面，下面介绍具体操作方法。

步骤 01 在视频轨道中点击"设置封面"按钮，进入设置封面界面，保持默认封面的效果，点击"封面模板"按钮，如下左图所示。

步骤 02 在打开的面板中切换至"知识"选项中，点击合适的封面模板，在封面中应用模板中的文本，如下右图所示。

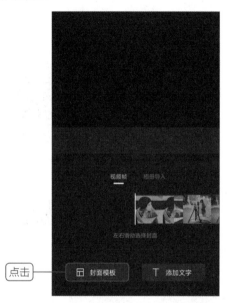

步骤 03 对封面模板中的文本进行修改，将多余的文本删除，调整文本的位置和大小，点击右上角"保存"按钮，封面效果如下左图所示。

步骤 04 保持视频参数为默认设置，直接点击右上角"导出"按钮，稍等片刻即可完成导出操作，如下右图所示。

🔲 第10章 制作九宫格卡点视频

本章概述

本章主要介绍使用剪映制作九宫格卡点视频的方法，包括制作时素材的处理方法，以及画中画、动画、蒙版和特效等相关内容。学习本章后读者可以举一反三制作同类型的视频。

核心知识点

❶ 画中画的应用
❷ 动画的应用
❸ 蒙版的应用
❹ 封面的设计

10.1 添加和处理素材

本案例主要使用18张图片素材，1张在微信朋友圈发布9张纯黑色图片的截图，卡点的音乐使用的是剪映中提供的卡点音乐。本节介绍的素材处理方法主要是为音频添加踩点，并调整素材的时长。

10.1.1 添加主轨道素材

本案例制作九宫格卡点视频，主要内容分为两部分：第一部分是制作的九宫格中同时显示1张图片，主要应用于前17张图片素材；第二部分则是第18张图片在不同的宫格中显示的卡点效果。两部分效果的不同之处在于其主轨道的素材是不同的，第一部分主轨道素材是前17张图片，第二部分主轨道素材是九宫格的图片。本小节主要介绍第一部分轨道素材的添加和处理以及音频素材的处理。

步骤 01 打开剪映App，在初始界面点击"开始创作"按钮，打开手机相册，切换至"照片"选项，依次选择需要导入的图片素材，点击"添加"按钮，导入18张图片素材并适当调整素材的顺序，如下左图所示。

步骤 02 在视频剪辑界面点击底部工具栏中"音频"按钮，在子工具栏中点击"音乐"按钮，如下右图所示。

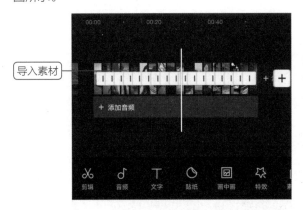
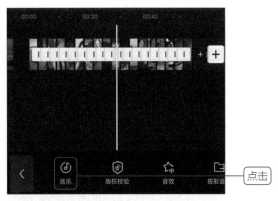

步骤 03 打开"添加音乐"界面，点击"卡点"，进入"卡点"界面，选择合适的音乐，点击右侧"使用"按钮，如下页左上图所示。

步骤 04 将选中的音乐导入项目，并移到最左侧，将时间线定位在1秒左右，选中音频素材，点击"分割"按钮，再点击"删除"按钮，如下页右上图所示。

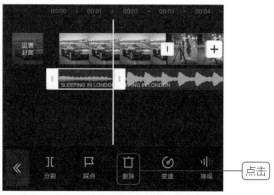

步骤 05 将音频素材移到最左侧，点击工具栏中"踩点"按钮，在打开的面板中激活"自动踩点"功能，点击"踩节拍II"按钮，自动为音频添加踩点，如下左图所示。

步骤 06 调整素材时长使其和对应的踩点相对应，选中第一个素材，拖拽右侧矩形图标移到第一个踩点处，如下右图所示。

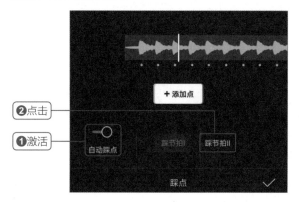
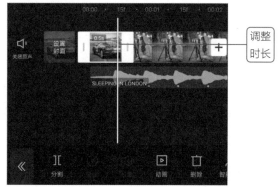

步骤 07 根据相同的方法调整其他素材的时长到对应的踩点处。点击一级工具栏中"比例"按钮，在子工具栏中设置比例为1∶1，因为九宫格的比例为1∶1，如下左图所示。

步骤 08 选择轨道中的素材，在画面中双指滑动放大图片使其主体部分在画面的中间偏下。例如调整第一张素材，如下右图所示。根据相同的方法调整所有素材的大小。

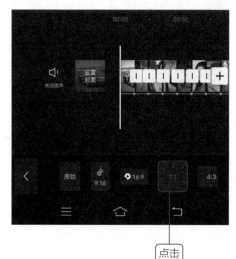

10.1.2 画中画素材的处理

正如上一节所介绍的，该视频分为两部分，第一部分的画中画素材是九宫格截图，而第二部分画中画素材是第18张图片素材，其主轨道素材为九宫格截图。

步骤 01 将时间线移至最左侧，在不选择任何素材状态下，点击工具栏中"画中画"按钮，如下左图所示。

步骤 02 在子工具栏中点击"新增画中画"按钮，在打开的手机相册中，选择使用微信发9张黑色图片的朋友圈截图并添加到项目中，如下右图所示。

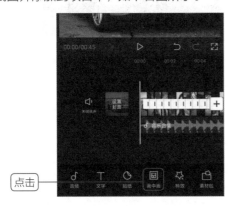
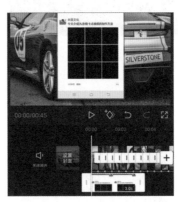

步骤 03 调整画中画素材的大小，使九宫格和其他相关内容位于画面中，同时调整画中画素材到第17张素材右侧，如下左图所示。

步骤 04 选中画中画素材，点击工具栏中"复制"按钮，将复制的素材移到下一轨道，并和原画中画素材时长相同，如下右图所示。

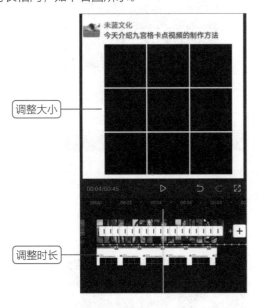
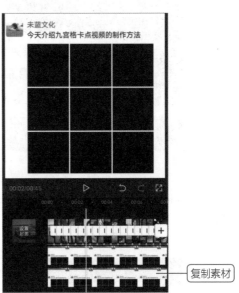

步骤 05 选中最下方画中画素材，点击工具栏中"编辑"按钮，在子工具栏中点击"裁剪"按钮，如下页左上图所示。

步骤 06 在画面中显示裁剪框，移动裁剪框删除九宫格部分内容，如下页右上图所示。此步操作主要是因为接下来要设置上方画中画素材的混合模式，上方的画中画素材会覆盖上部分内容，从画面中观看时不会影响朋友圈的名称和内容。

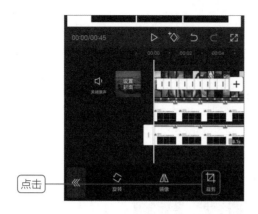
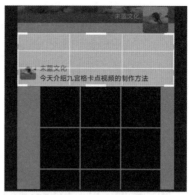

步骤 07 选中上方画中画素材，点击工具栏中"混合模式"按钮，在打开的面板中点击"滤色"按钮，在画面中透过九宫格显示主轨道中的素材，如下左图所示。

步骤 08 此时还可以根据九宫格中显示的内容调整主轨道素材的大小和位置，使画面的主体在九宫格内，如下右图所示。

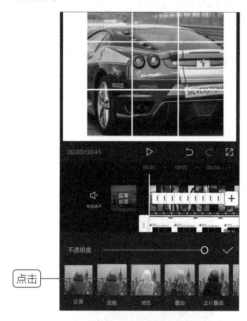

步骤 09 将上方画中画素材的时长延长，将时间线定位第17张素材结尾处，选中上方画中画素材，点击"分割"按钮。选中右侧分割的素材，点击工具栏中"切主轨"按钮，如下左图所示。

步骤 10 在轨道中选择第18张图片，点击工具栏中"切画中画"按钮，第18张图片切换至画中画轨道中，调整位置，如下右图所示。

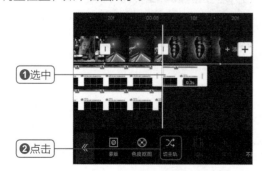
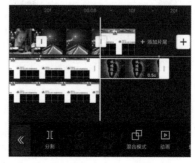

10.2 添加动画效果

预览视频时，可以正常显示卡点视频的效果，只是在切换画面时没有动画，使视频还缺少点儿动感。接下来为前17张图片素材添加动画效果，此时使用入场动画或组合动画，选择有抖动或旋转的动画效果。下面介绍具体操作方法。

步骤 01 在视频编辑界面放大时间轨道，选择第一个素材，点击底部工具栏中"动画"按钮，如下左图所示。

步骤 02 在子工具栏中点击"入场动画"按钮，选择"向上转入"动画，确定"动画时长"为最长，如下右图所示。

步骤 03 选择第二个素材，点击"动画"按钮，在子工具栏中点击"组合动画"按钮，选择合适的动画效果，此处选择"拉伸扭曲"效果，如下左图所示。

步骤 04 根据相同的方法为前17张图片素材应用相同或不同的入场动画和组合动画，根据用户需求设置，如下右图所示。

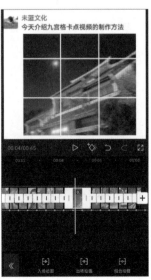

10.3 添加蒙版显示不同宫格内容

本节将制作第二部分的内容，即可在九宫格的不同宫格中显示画面的内容，还可以在同一时间显示多个宫格中的内容。

10.3.1 在1个宫格中显示画面内容

首先介绍在1个宫格中显示不同画面的内容，而其他宫格显示黑色。主要使用的功能是"蒙版"，下面介绍具体操作方法。

步骤 01 在视频编辑界面，点击最右侧气泡展开画中画，调整画中画素材的时长为3秒左右，接着将对应的主轨道素材时长也调整为3秒左右。此时还可以调整画中画素材的大小和位置，使其位于九宫格中，如下左图所示。

步骤 02 将时间线定位在8.5秒左右的踩点上，选择画中画素材，点击工具栏中"分割"按钮，如下右图所示。

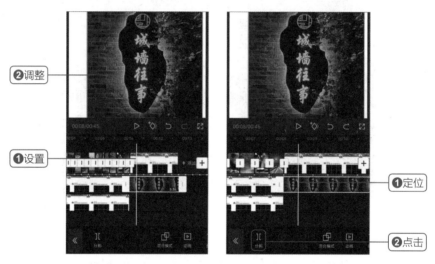

步骤 03 选择分割最左侧画中画，点击工具栏中"蒙版"按钮，如下左图所示。

步骤 04 在"蒙版"面板中点击"矩形"按钮，调整蒙版区域的大小，并移到左上角宫格中，此时只显示左上角中的画面效果，如下右图所示。

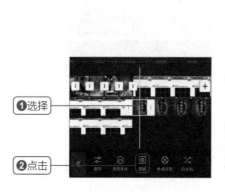

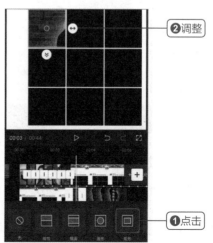

步骤05 删除应用蒙版右侧的画中画素材,选中应用蒙版的素材,点击工具栏中"复制"按钮,如下左图所示。

步骤06 根据相同的方法多复制几张画中画素材,并根据踩点调整并复制素材的时长。选择第二张画中画素材,点击"蒙版"按钮,将画面中区域移到下一宫格中,如下右图所示。根据相同的方法移动每张画中画素材中蒙版区域的位置。

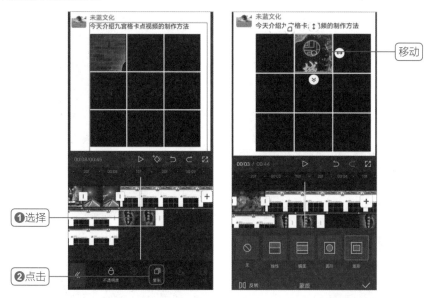

10.3.2 同一时间显示多个宫格内容

需要在同一时间显示多个宫格的内容时,例如显示3个宫格的内容,此时要在同一时间点添加3张画中画素材,在3张画中画素材中将蒙版区域移到不同的位置即可。下面介绍具体操作方法。

步骤01 选择相应的画中画素材,点击工具栏中"复制"按钮,复制两份并移到当前画中画素材下方,如下左图所示。

步骤02 选择最上方画中画素材,将其移到九宫格最上方的中间宫格中,此时左上角宫格依然显示图片内容,这是因为下方画中画素材的蒙版的作用,如下右图所示。

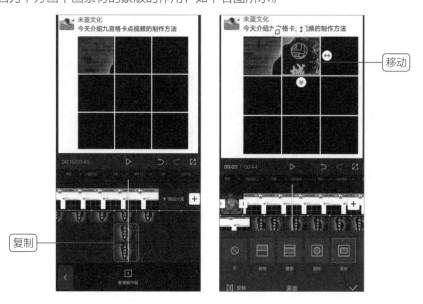

步骤 03 根据相同的方法调整下方两份画中画素材中的蒙版选区，画面中显示3个宫格的内容，如下左图所示。

步骤 04 用户也可以尝试使用其他形状的蒙版，例如心形，调整蒙版选区的大小和位置即可，如下右图所示。本案例中需要注意添加选区时不要设置边缘羽化，这样在切换画面时会更清晰。

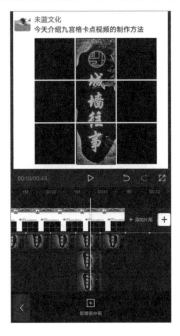 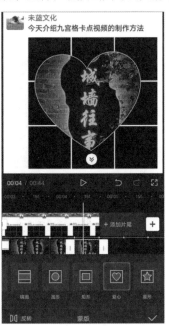

10.4　添加特效使画面更丰富

至此，卡点视频基本上制作完成，可以点击"播放"按钮预览其效果，为了使画面更丰富，还可以添加特效。下面介绍具体操作方法。

步骤 01 将时间线定位在开始处，不选中任何素材，点击工具栏中"特效"按钮，在打开的面板中点击"画面特效"按钮，如下左图所示。

步骤 02 切换至"爱心"选项中，点击"爱心泡泡"按钮，通过预览区域查看应用爱心泡泡的画面效果，如下右图所示。

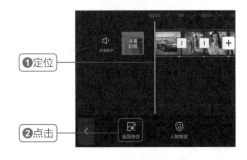 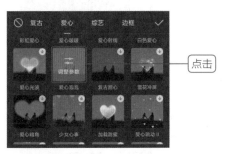

步骤 03 点击该按钮中"调整参数"，因为应用素材的时长比较短，所以将速度调快一点，此处拖拽滑动块调整到50左右，如下页左上图所示。

步骤 04 再次预览视频时，发现爱心泡泡只在九宫格中显示，这是因为特效默认的作用对象是主轨道素材。选中特效素材，点击"作用对象"按钮，如下页右上图所示。

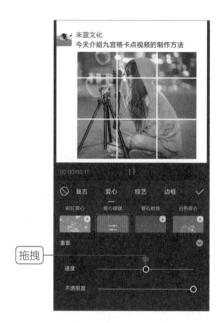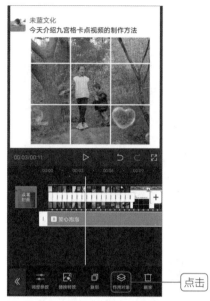

拖拽

点击

步骤 05 打开"作用对象"面板，点击"全局"按钮，即可将特效应用到所有素材中，不局限于九宫格内，调整特效素材时长和视频时长相同，如下图所示。

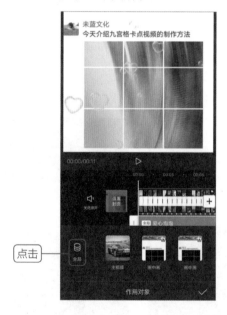

点击

10.5 添加封面并导出视频

视频制作完成，接下来设计封面并导出视频，本小节将从视频中选取一帧画面作为封面并应用封面模板。下面介绍具体操作方法。

步骤 01 在视频轨道中点击"设置封面"按钮，进入设置封面的界面，通过左右滑动选择合适的封面，点击"封面模板"按钮，如下页左上图所示。

步骤 02 在打开的面板中切换至"生活"选项中，点击合适的封面模板，在封面中应用模板中的文本，如下页右上图所示。

步骤03 对封面模板中的文本进行修改，并设置样式，调整文本的位置和大小，点击右上角"保存"按钮，封面效果如下左图所示。

步骤04 保持视频参数为默认值，直接点击右上角"导出"按钮，稍等片刻即可完成导出操作，如下右图所示。

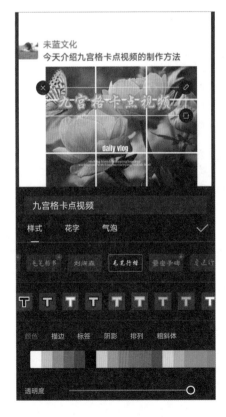

图 第11章　我和我的家乡短视频

本章概述

本章主要介绍使用剪映制作关于"我和我的家乡"短视频的方法，包括制作时使用文本、文本朗读、蒙版、转场和特效等功能。学习本章后读者可以举一反三制作同类型的视频。

核心知识点

❶ 镂空文字的效果
❷ 混合模式的应用
❸ 蒙版的应用
❹ 转场的应用

11.1　制作镂空文字开幕效果

在"特效"的"基础"选项中有"开幕"的特效，可以制作出从中间将屏幕分为两部分并分别向两侧移动的开幕效果。纯黑色开幕比较单一，本节将制作镂空文字的开幕效果。

11.1.1　制作镂空文字

制作镂空文字，其实就是在纯黑色背景中输入白色字体，然后设置混合模式即可。下面介绍具体操作方法。

扫码看视频

步骤 01 打开剪映App，在初始界面点击"开始创作"按钮，打开手机相册，切换至"素材库"选项中，选择黑场，点击"添加"按钮，如下左图所示。

步骤 02 在视频剪辑界面将时间线定位在开始处，点击底部工具栏中"文字"按钮，在子工具栏中点击"新建文本"按钮，如下右图所示。

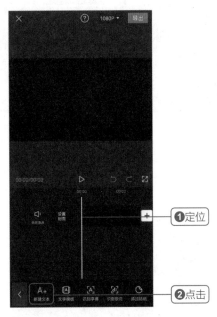

步骤 03 在文本框中输入"我和我的家乡"文本，在"字体"选项中设置字体为毛笔体，最好是比较粗的，这样制作的镂空效果比较清晰，适当添加描边，效果如下页左上图所示。

步骤 04 切换至"动画"选项中，选择"放大"的入场动画，设置时长为1秒左右，如下页右上图所示。

 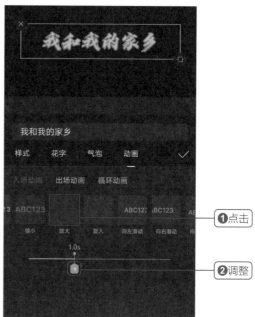

❶点击

❷调整

步骤 05 选择素材拖拽右侧矩形图标调整时长为4秒左右，同样的方法调整文本素材的时长也为4秒左右，如下左图所示。

步骤 06 点击右上角"导出"按钮，将视频导出，如下右图所示。

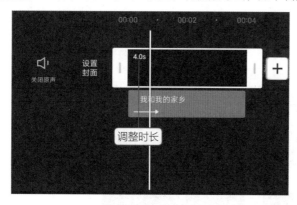 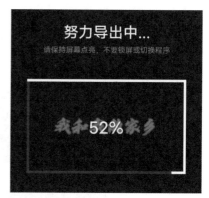

步骤 07 返回剪映中，点击"开始创作"按钮，添加视频素材，将时间线定位在开始处，点击工具栏中"画中画"按钮，如下左图所示。

步骤 08 在子工具栏中再点击"新增画中画"按钮，将制作好的文本视频作为画中画导入到项目中，如下右图所示。

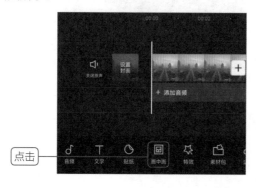 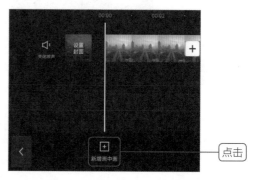

点击   点击

步骤09 添加制作文本视频，调整素材的大小，使文本显示在画面中间位置。选择文本素材，点击"混合模式"按钮，如下左图所示。

步骤10 在打开的面板中选择"正片叠底"混合模式，画面可以透过文本显示主轨道画面的内容，如下右图所示。

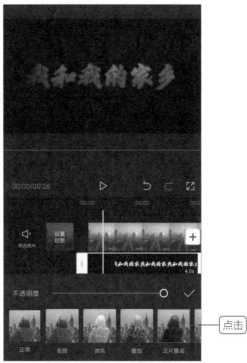

11.1.2 使用蒙版制作开幕效果

本节将制作从画面中间分割的镂空文本，两部分分别向上和向下移动制作开幕效果，主要使用蒙版和动画功能。下面介绍具体操作方法。

步骤01 选择画中画素材，将时间线定位在2秒左右，点击工具栏中"分割"按钮，可以保证有足够的时间运行文本动画，如下左图所示。

步骤02 选择分割右侧的画中画素材，点击工具栏中"蒙版"按钮，如下右图所示。

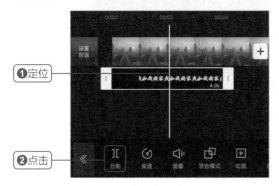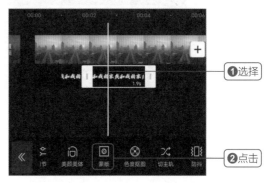

步骤03 在打开的"蒙版"面板中点击"线性"按钮，画面中上半部分显示文本素材，下半部分显示主轨道内容，如下页左上图所示。

步骤04 选择添加蒙版的画中画素材，点击工具栏中"复制"按钮，如下页右上图所示。

173

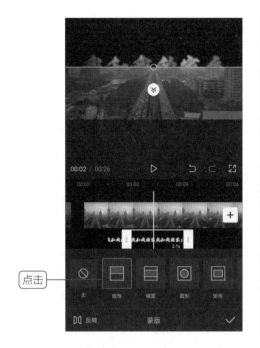
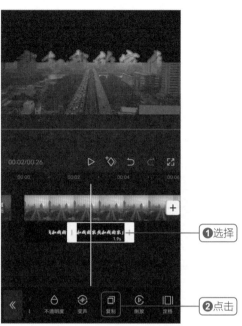

步骤 05 将复制的画中画素材移到下方与上方添加蒙版的素材对齐，画面中没有发生变化。选中复制的素材，点击工具栏中"蒙版"按钮，如下左图所示。

步骤 06 在打开的"蒙版"面板中点击"反转"按钮，该画中画素材的下半部分显示文本内容，正好与上方素材相反，所以画面中显示两部分文本素材，如下右图所示。

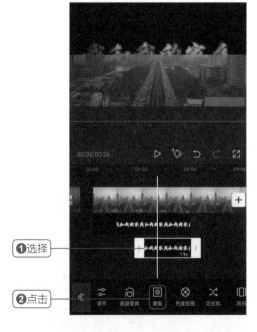
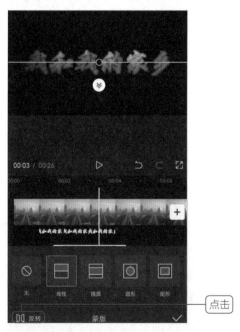

步骤 07 接下来添加动画，将上半部分向上移出画面，下半部分向下移出画面，制作开幕效果，所以需要应用出场动画。选择上方画中画素材，点击工具栏中"动画"按钮，在子工具栏中点击"出场动画"按钮，如下页左上图所示。

步骤 08 在打开的面板中选择"向上滑动"动画，设置动画时长为最长，在画面中可以预览动画效果，如下页右上图所示。

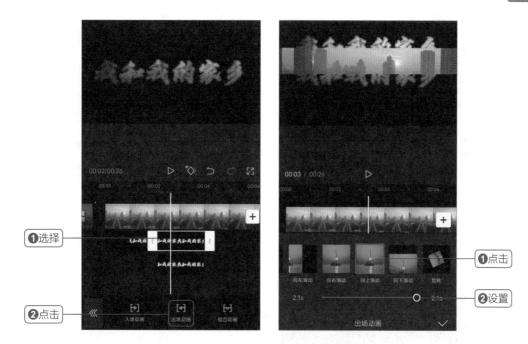

步骤 09 根据相同的方法设置下方画中画素材的动画为"向下滑动",动画时长为最长,至此开幕效果制作完成,效果如下左图和下右图所示。

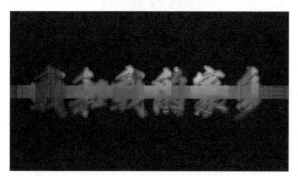 

11.2 添加文本并转换为声音

本案例需要根据文本和音频的时长来剪辑视频,所以先添加文本和音频。本案例视频内容主要分为7部分,分别为早晨、工作、下午茶、聚会、傍晚的公园、晚上夜景和周末,每部分都需要一句文本解说,同时还需要相应的语音介绍。

11.2.1 添加文本内容

本视频分为7部分,要准备好各部分的脚本,然后按顺序在视频中添加文本内容,并设置文本的样式,下面介绍具体操作方法。

步骤 01 首先根据各部分的顺序,将准备好的视频素材按顺序导入,导入之后也可以根据需要调整素材的位置,如下页左上图所示。

步骤 02 将时间定位在刚开幕的时间点,点击工具栏中"文字"按钮,点击子工具栏中"新建文本"按钮,如下页右上图所示。

 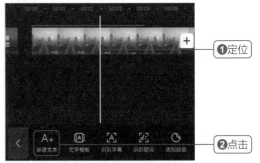

步骤 03 在文本框中输入文本"我和我的家乡",调整其大小并移到画面下方中间的位置,效果如下左图所示。

步骤 04 选择文本素材,点击工具栏中"复制"按钮,在文本素材下方显示复制的内容,将其移到原文本素材的右侧,并保留一定的距离,如下右图所示。

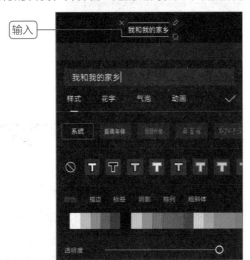 

步骤 05 选中复制的文本素材,点击工具栏中"样式"按钮,然后重新输入相关文本,无须设置文本样式,如下左图所示。

步骤 06 根据相同的方法复制文本素材并重新输入文本,如下右图所示。

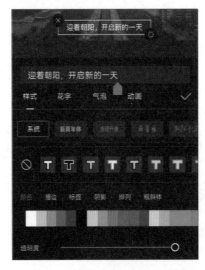 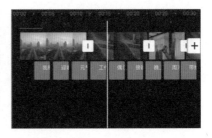

11.2.2 将文本转换为语音

文本输入完成后，可以通过录音也可以通过"文本朗读"功能将文本转换成语音。本节将介绍"文本朗读"功能的应用。

步骤 01 选择左侧第一个文本素材，点击工具栏中"文本朗读"按钮，如下左图所示。

步骤 02 打开"音色选择"面板，切换至"女声音色"选项中，点击"知性女声"按钮，可以试听效果，点击对号按钮，如下右图所示。

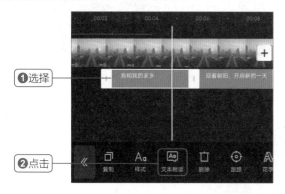
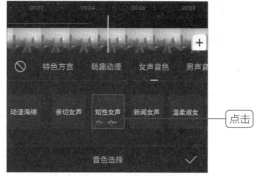

步骤 03 在主轨道和文本素材之间有一条绿色的直线就是音频轨道，选中第一个文本素材，调整时长和音频素材相同，如下左图所示。

步骤 04 根据相同的方法为其他文本素材添加音频，同时调整文本素材和音频素材的位置，并在左侧保留一定的空隙，如下右图所示。

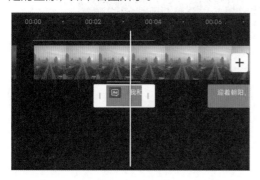
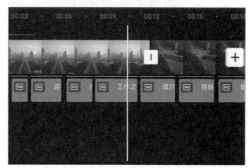

11.3 裁剪素材并添加转场

音频和文本素材制作完成后，接着根据文本裁剪对应的视频，选择最佳的视频素材。为了使视频之间自然过渡，还需要添加转场效果。

11.3.1 选择最佳视频素材

因为导入的视频素材长短不一，需要根据音频和文本素材调整视频素材的时长。下面介绍具体的操作方法。

步骤 01 选择左侧第一个视频素材，将时间线定位在两段音频素材之间，点击工具栏中"分割"按钮，如下页左上图所示。

步骤 02 选择分割后右侧视频素材，点击工具栏中"删除"按钮，如下页右上图所示。

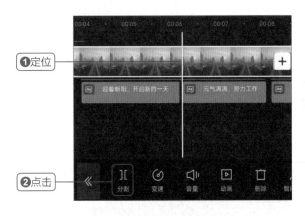 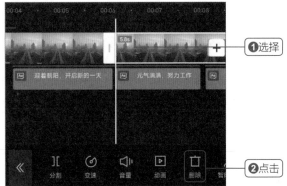

步骤 03 调整时文本素材会受到影响，可以将所有文本素材移到左侧，然后再裁剪视频，最后将文本素材移到对应的位置即可，如下图所示。

11.3.2 添加转场视频更自然

为了使视频之间的过渡更自然，接下来添加转场的效果，可以为所有视频添加相同的转场，也可以添加不同的转场。下面介绍具体操作方法。

步骤 01 在视频编辑界面点击第一个和第二个素材之间图标，打开"转场"面板，在"基础转场"选项中点击"叠化"按钮，因为第二个视频素材时长比较短，所以"转场时间"为最长，如下左图所示。

步骤 02 因为第二个和第三个视频时长比较短就不需要添加转场效果了。接着为第三个和第四个素材添加视频转场，在"运镜转场"选项中点击"推近"按钮，如下右图所示。

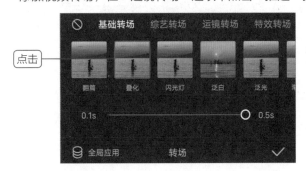 

步骤 03 根据相同的方法添加转场效果，添加完成后适当调整各素材的大小，使其与语音和文本一致，如下页图片所示。

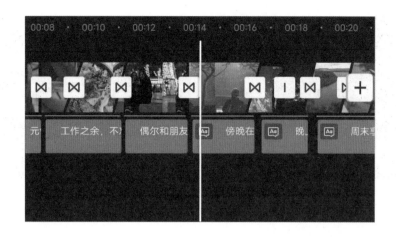

11.4 添加特效和背景音乐

在视频结尾处添加"闭幕"特效与视频开幕相呼应,同时为视频添加背景音乐。下面介绍具体操作方法。

步骤 01 将时间线定位在结尾合适的位置,点击工具栏中"特效"按钮,在子工具栏中点击"画面特效"的按钮,如下左图所示。

步骤 02 切换至"基础"选项中,点击"闭幕"按钮,通过预览区域查看应用闭幕的画面效果,如下右图所示。

步骤 03 调整特效素材的时长到视频结尾处。将时间线定位在开始处,点击一级工具栏中"音频"按钮,在子工具栏中点击"音乐"按钮,如下页上左图所示。

步骤 04 打开"添加音乐"界面,点击"纯音乐"按钮,进入"纯音乐"界面,选择合适的音乐试听,点击右侧"使用"按钮,如下页右上图所示。

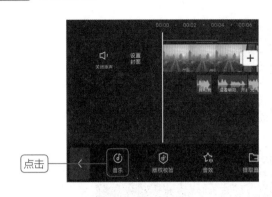

步骤 05 将时间线定位在视频结尾处，选择添加的音频素材，点击工具栏中"分割"按钮，选择多余的素材，点击"删除"按钮，如下左图所示。

步骤 06 选择音频素材，点击工具栏中的"音量"按钮，在打开的面板中设置音量的大小为30左右，如下右图所示。

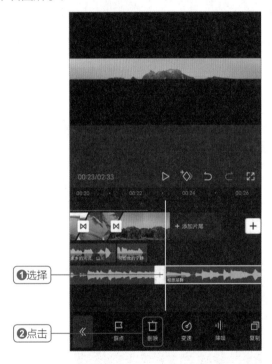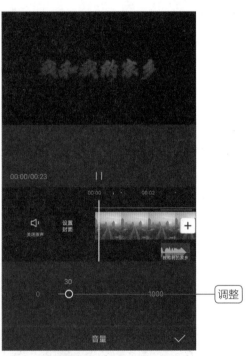

步骤 07 保持音频素材为选中的状态，点击工具栏中"淡化"按钮，在打开的面板中设置"淡出时长"为1秒左右，如下图所示。

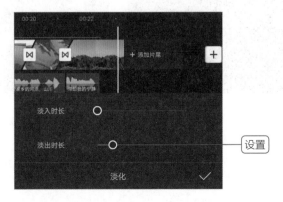

11.5 添加封面并导出视频

视频制作完成，接下来设计封面并导出视频，本小节将从视频中选取一帧画面作为封面，最后将视频导出。下面介绍具体操作方法。

步骤 01 在视频轨道中点击"设置封面"按钮，进入设置封面界面，通过左右滑动选择合适的封面，点击"保存"按钮，如下左图所示。

步骤 02 点击右上角"导出"按钮，将制作的视频保存到手机相册中，如下右图所示。

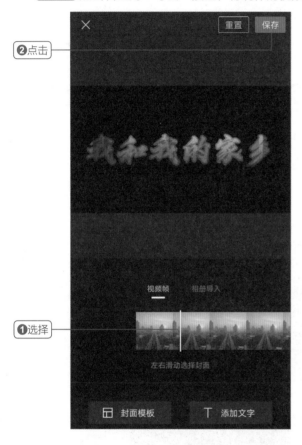
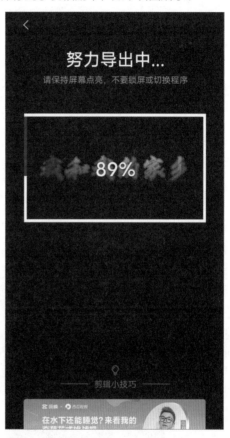

图 第12章　视频特效的剪辑

本章概述

本章主要介绍使用剪映剪辑视频制作特效，主要使用对视频的基本操作，例如分割、删除和复制等，还学习使用画中画、动画、转场和蒙版等功能。学会这些基础操作，再结合我们的想象，可以制作出更多特效的视频。

核心知识点

❶ 视频的基本操作
❷ 动画和转场的应用
❸ 蒙版的应用
❹ 音效的应用

12.1　制作人物消失显现的效果

本案例主要通过动画、转场制作视频中的人物逐渐消失，然后逐渐显现的效果。首先需要根据视频的要求实地拍摄视频，笔者已经提供相应的视频，读者可以直接使用，也可以自行拍摄并设计不同的动作。

12.1.1　裁剪视频

我们在拍摄视频时，周围环境的影响、视频角色的转换等都会产生多余的内容，所以首先需要将视频剪辑。本案例需要在计划人物消失和出现的时间点进行分割，删除多余的部分，在人物消失和出现之间需要添加背景图片。

扫码看视频

步骤 01 打开剪映App，在初始界面点击"开始创作"按钮，打开手机相册，选择拍摄的视频，点击"添加"按钮，如下左图所示。

步骤 02 在视频中将时间线定位在不包含人物，只包含背景的时间处，选中视频素材，点击工具栏中"定格"按钮，如下右图所示。

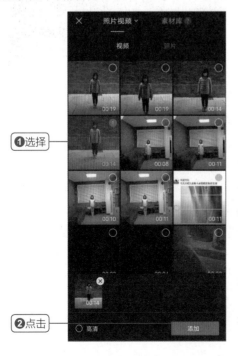

❶选择　❷点击　❶定位　❷点击

步骤 03 在时间线处显示定格时间点的视频内容，将该部分内容移到视频的开始处。向左滑动时间轨道，将时间线定位在人物刚抬脚的时间点，选中视频素材，点击工具栏中"分割"按钮，如下左图所示。

步骤 04 选择分割后左侧的视频素材，点击工具栏中"删除"按钮，将该部分删除，如下右图所示。

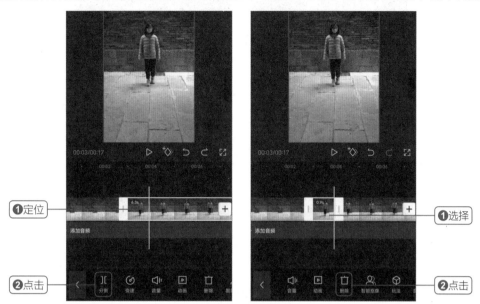

步骤 05 继续向左滑动轨道，将时间线定位在人物刚跳起时间点，点击工具栏中"分割"按钮，如下左图所示。

步骤 06 接着将时间线定位在人物完全跑出镜头时间点，再次点击工具栏中"分割"按钮，如下右图所示。

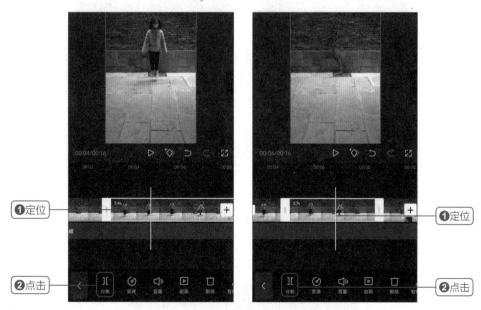

步骤 07 选中中间部分视频素材，即人物落地跑出镜头的部分，点击工具栏中"删除"按钮，如下页左上图所示。

步骤 08 将时间线定位到人物跑入镜头并跳到最高点处，点击工具栏中"分割"按钮，选择跑入镜头部分，点击"删除"按钮，如下页右上图所示。

步骤 09 将时间线定位在人物向后走，远离镜头时的时间点，点击工具栏中"分割"按钮，并选择右侧分割的视频素材，点击"删除"按钮，如下左图所示。

步骤 10 拖拽轨道左侧第一个素材右侧矩形图标，调整时长为2秒左右。选中该素材，点击工具栏中"复制"按钮，如下右图所示。

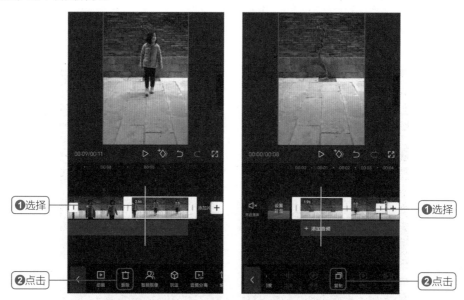

步骤 11 将复制的素材移到轨道最右侧，如下图所示。

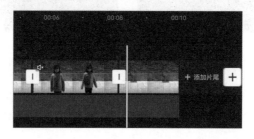

12.1.2 人物的消失和显现

本案例制作人物消失和显现的效果主要是通过"叠化"转场实现的，除此方法之外，还介绍通过添加关键帧和设置不透明度制作人物消失的现象。下面介绍具体操作方法。

步骤 01 点击视频轨道左侧"关闭原声"按钮，点击第一个和第二个素材之间白色矩形图标，打开"转场"面板，在"基础转场"选项中点击"叠化"按钮，设置"转场时长"为0.5秒，点击对号按钮，如下左图所示。

步骤 02 滑动轨道，可见在设置转场处，人物逐渐显示在画面中，从而制作出人物显现的效果，如下右图所示。

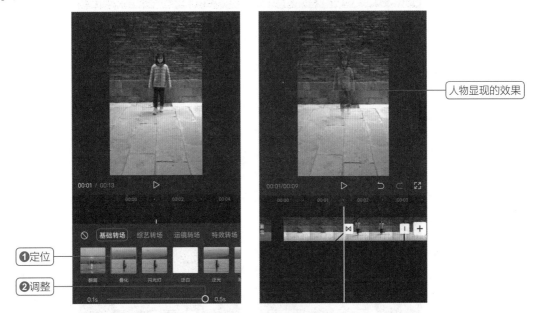

步骤 03 根据相同的方法为第二个和第三个、第三个和第四个素材之间添加"叠化"转场，下左图为人物跳进镜头逐渐显示的效果。

步骤 04 将时间线定位在第四个素材快结束的1秒左右，点击工具栏中"分割"按钮，如下右图所示。

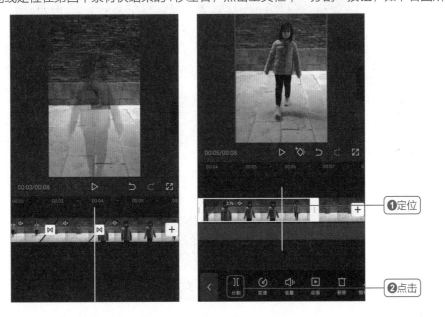

步骤05 选择分割后右侧的视频素材，点击工具栏中"切画中画"按钮，如下左图所示。

步骤06 选中画中画素材，将时间线定位在画中画开始处，添加关键帧，如下右图所示。

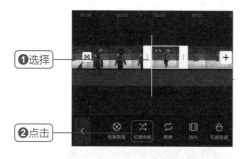
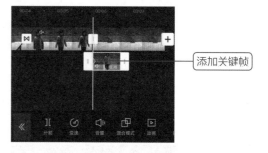

步骤07 保持画中画素材为选中状态，接着将时间线定位在画中画结尾处，添加关键帧，点击工具栏中"不透明度"按钮，如下左图所示。

步骤08 在打开的面板中拖拽滑动块至最左侧，设置不透明度为0，在画面中人物消失，点击对号按钮，如下右图所示。

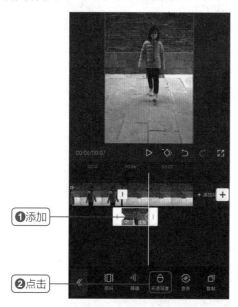
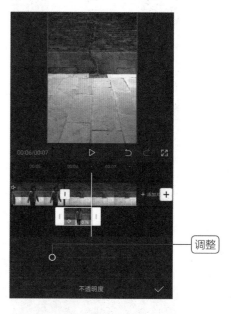

步骤09 滑动时间轨道查看添加关键帧之后的效果，可见人物也是逐渐消失的，如下图所示。如果要制作人物逐渐显现的效果，将第一帧设置不透明度为0，第二帧设置不透明度为100即可。

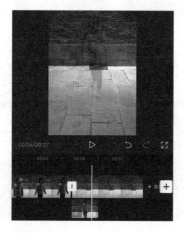

12.1.3　添加音效增加视频效果

接着在人物消失和显现处添加音效，可以增加视频效果，读者也可以添加特效进一步渲染画面。下面介绍添加音效的具体操作方法。

步骤 01 将时间线定位在人物刚显示的时间点，点击工具栏中"音频"按钮，在子工具栏中点击"音效"按钮，如下左图所示。

步骤 02 在打开的面板搜索框中输入"刷"，点击键盘中"搜索"按键，显示包含"刷"的所有音效，试听后点击右侧"使用"按钮，如下右图所示。

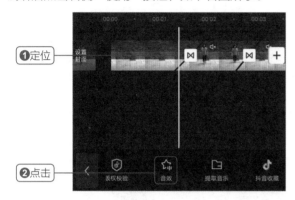
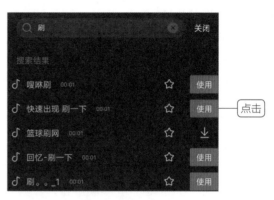

步骤 03 调整音效素材的时长和人物显现时长为等长，选中音效素材，点击工具栏中"音量"按钮，在打开的面板中调整音量为50，如下左图所示。

步骤 04 选中音效素材，点击工具栏中"复制"按钮，将复制的音效素材移到其他人物消失和显现的位置，适当调整音效素材的时长，如下右图所示。

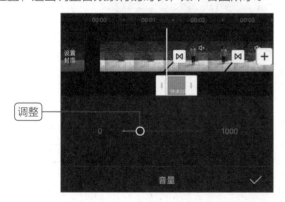
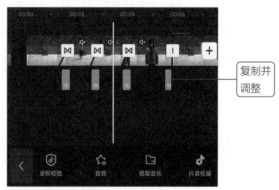

步骤 05 适当添加背景音乐，然后将视频导出即可完成本案例操作，如下图所示。

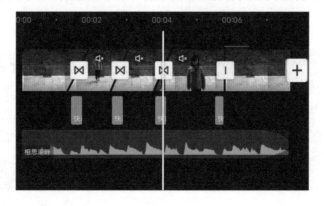

12.2 制作书包滞留空中的效果

本案例制作的效果是人物在行走过程中将书包抛到空中，书包滞留在最高点，人物继续向前走，当打响指时书包才下落。

12.2.1 处理视频素材

我们将事先拍摄好视频进行剪辑，本案例剪辑视频的部分比较简单，剪辑后再设置画中画。下面介绍具体操作方法。

扫码看视频

步骤01 打开剪映，点击"开始创作"按钮，选择拍摄好的视频素材，点击"添加"按钮，如下左图所示。

步骤02 滑动轨道，将时间线定位在书包被扔的最高点处，点击工具栏中"定格"按钮，如下右图所示。

步骤03 点击轨道左侧"关闭原声"按钮，选择定格图片右侧的视频素材，点击工具栏中"复制"按钮，如下左图所示。

步骤04 选择复制的视频素材，点击工具栏中"切画中画"按钮，将画中画素材调整到与定格素材的左侧对齐，如下右图所示。

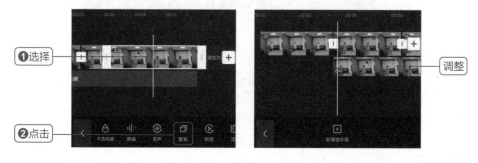

12.2.2 添加蒙版制作书包滞留效果

下面为画中画素材添加蒙版，使画面左侧显示画中画素材中人物走路的内容，右侧部分显示定格素材内容，即显示书包滞留的效果。下面介绍具体操作方法。

步骤 01 选择画中画素材，点击工具栏中"蒙版"按钮，如下左图所示。

步骤 02 在打开的面板中点击"线性"按钮，调整黄线逆时针旋转98度左右，如下右图所示。

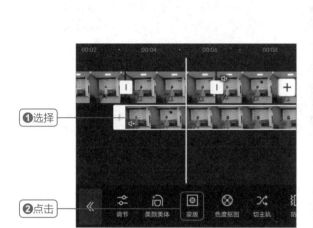

步骤 03 预览视频效果，适当调整定格素材的时长至人物打响指的时间点，此时书包开始下落，如下左图所示。

步骤 04 将时间线定位在书包落地后合适的时间点，对主轨道素材和画中画素材进行分割，将右侧素材删除，如下右图所示。

12.2.3 添加音效

在拍摄时背景声音比较嘈杂，所以关闭原声，为了使画面更加真实还需要添加打响指和书包落地的音效。下面介绍具体操作方法。

步骤 01 将时间线定位在人物打响指处，点击一级工具栏中"音频"按钮，在子工具栏中点击"音效"按钮，如下左图所示。

步骤 02 在打开的面板搜索框中输入"打响指"，再点击键盘中"搜索"按钮，在搜索结果中选择合适的音效，点击右侧"使用"按钮，如下右图所示。

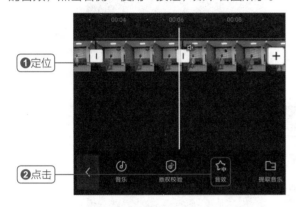

步骤 03 将时间线定位在书包刚落地的时间点，在音效的搜索框中输入"落地"，在搜索结果中点击适合的音效，再点击其右侧"使用"按钮，如下左图所示。

步骤 04 将时间线定位在最左侧，点击"音乐"按钮，在"添加音乐"界面中点击"纯音乐"，接着点击适合的音乐右侧"使用"按钮，如下右图所示。

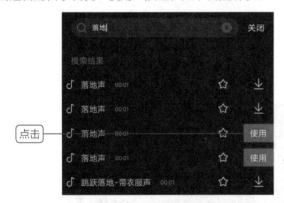

步骤 05 对添加的音频素材进行分割、删除并调整音量。至此，本案例制作完成，如下图所示。

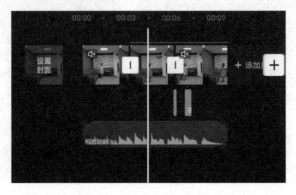